NOTICE

SUR L'ILE DE LA RÉUNION

OU BOURBON.

APPROBATION.

Nous avons parcouru nous-même avec un grand intérêt le manuscrit de l'ouvrage intitulé : *Notice historique, géographique et religieuse sur l'île Bourbon ou de la Réunion*. Tout ce qui touche à la naissance et aux progrès de cette brillante Colonie mérite d'être accueilli et conservé soigneusement. Nous le recommandons en particulier à la jeunesse créole de notre Diocèse.

† Amand-René,
Evêque de Saint-Denis.

NOTICE HISTORIQUE

GÉOGRAPHIQUE ET RELIGIEUSE

SUR

L'ILE BOURBON

OU

DE LA RÉUNION

« On se croirait sur le sol de la France. »
(Voïart.)

« . . . O mon île, ô Bourbon !
Je t'admire et je t'aime, et toujours sur ma lyre
Résonnera ton nom. »
(G. Couturier.)

DEUXIÈME ÉDITION

REVUE, CORRIGÉE, CONSIDÉRABLEMENT AUGMENTÉE
ET ENRICHIE D'UNE CARTE DE CETTE COLONIE ET D'UNE CARTE
DE LA MER DES INDES.

VERSAILLES
BEAU JEUNE, IMPRIMEUR-LIBRAIRE,
Rue de l'Orangerie, 36.

1863

AU TRÈS-CHER

FRÈRE JEAN DE MATHA,

VISITEUR-PROVINCIAL DES FRÈRES DES ÉCOLES

CHRÉTIENNES DE L'ILE BOURBON,

ET

A LA JEUNESSE DE CETTE COLONIE,

OBJET DEPUIS TRENTE ANS DE SA TENDRE ET
PATERNELLE SOLLICITUDE,

HOMMAGE

DE PROFOND RESPECT

ET D'ENTIER DÉVOUEMENT,

F***.

Saint-Denis (Ile de la Réunion) 8 février 1863.
Fête de Saint-Jean-de-Matha.

AVERTISSEMENT.

Pour donner une idée assez exacte de Bourbon, nous nous sommes un peu étendu sur divers détails qu'il est bon de ne pas ignorer ; mais pour ne pas surcharger la mémoire des élèves, on se bornera, dans les leçons, à leur faire apprendre le gros texte qui répond brièvement et succinctement à la question posée. Ce qui suit en est le développement : on pourra se contenter de le faire lire attentivement et d'en demander l'ensemble, en se conformant à ce que prescrit la *Conduite des Ecoles chrétiennes*, pour l'enseignement de l'histoire et de la géographie.

AVANT-PROPOS.

En fait de connaissances historiques et géographiques, il n'y en a pas de plus importantes ni de plus agréables que celles qui concernent le pays natal; aussi a-t-on pensé qu'on rendrait un véritable service à la jeunesse qui fréquente les Ecoles chrétiennes de l'île de la Réunion, en ajoutant aux traités élémentaires qu'ils étudient, une Notice résumant et popularisant pour ainsi dire ce que les meilleurs auteurs ont écrit sur l'histoire et la géographie de cette belle et intéressante Colonie. Rien n'est de notre invention : comme l'abeille, nous avons butiné un peu partout. Les imperfections, donc, de ce petit travail, viendront plutôt de la forme que du fond.

Nous remercions bien sincèrement toutes les personnes qui nous ont prêté leur concours bienveillant et éclairé. Si cette nouvelle édition est encore accueillie avec indulgence, l'honneur leur en reviendra. Quant à nous, nous serons trop heureux si cette modeste *Notice* contribue à faire connaître et aimer davantage cette île si favorisée de la Providence, cette colonie de Bourbon que l'étranger aborde en la saluant par ces mots : *On se croirait sur le sol de la France*, et que le créole chante par cet élan du cœur :

. . . O mon île! ô Bourbon !
Je t'admire et je t'aime, et toujours sur ma lyre
Résonnera ton nom.

Heureux surtout si nos jeunes lecteurs comprennent que c'est à l'Eglise catholique et à sa fille aînée, la France, que Bourbon doit sa civilisation avancée; car « ne faut-il pas, dit notre vénérable Évêque, que le sang français soit éminemment catholique pour avoir conservé sa foi si fraîche et si éclatante sur un territoire situé à plus de quatre mille lieues de la Mère-Patrie, et au sein d'une mer qui baigne de toutes parts des contrées sauvages et idolâtres! » Puissent donc, ces chers et bien-aimés enfants, par amour et par reconnaissance pour la religion et pour la patrie, rester toujours bons chrétiens et bons Français !

TABLE DES MATIÈRES.

Dédicace . . . .
Avant-propos . . . .
Avertissement . . . .
Table. . . . .

Chapitre Ier. — De 1513 à 1700 : Bourbon, sa découverte par les Portugais. — La France en prend possession. — L'île est concédée à la Compagnie des Indes. — Premiers habitants, première chapelle et premiers missionnaires. — Réfugiés de Madagascar. — Premières concessions. — Age d'or de la colonie. — Premiers colons, leurs descendants. — Origine de la traite. — Premiers commandants et gouverneurs. 1

Chapitre II. — De 1700 à 1735 : Un légat de Clément XI visite Bourbon. — La mission est confiée aux Lazaristes. — P. Renou, premier préfet apostolique et ses compagnons. — Leur arrivée. — Saint-Lazare envoie des missionnaires jusqu'en 1793. — Nouvel envoi en 1861. — Etat religieux de la colonie en 1715. — Les missionnaires y font revivre les mœurs de la primitive église. — Le bon chevalier Parat. — Culture du café. — Organisation des milices. — Les forbans. — Prise de possession de Maurice. — Désastres de 1723. — Conseil supérieur. — 1729, encore une année désastreuse. — Dévouement et mort de M. Abot, curé de Saint-Paul 15

Chapitre III. — De 1735 à 1789 : Labourdonnais est nommé gouverneur et général des îles Bourbon et Maurice. — Notice sur ce grand homme. — Sa féconde administration. — Il fait prendre possession des Seychelles. — Saint-Denis devient capitale de l'île. — La Compagnie des Indes retrocède les îles sœurs à Louis XV. — Erection d'un collége à Saint-Denis. — MM. Dumas et Poivre trouvent ces colonies dans un anéantissement presque total. — Notice sur M. Poivre. — Il laisse la colonie dans un état prospère qui se perpétue longtemps. — Les volontaires de Bourbon dans les guerres de l'Inde. — Le capitaine Montvert 27

CHAPITRE IV. — De 1789 à 1815 : Révolution française. — Ses effets à Bourbon, qui prend le nom d'île de la Réunion. — Assemblée coloniale. — Paix d'Amiens. — Général Decaen. — La colonie tombe au pouvoir des Anglais. — Domination anglaise. — Une révolte d'esclaves à Saint-Leu. 39

CHAPITRE V. — De 1815 à 1830 : La France reprend possession de Bourbon. — Paix et prospérité de la colonie. — Culture de la canne à sucre. — De nouveaux missionnaires, des Frères des Ecoles chrétiennes, des Sœurs de Saint-Joseph de Cluny sont envoyés à Bourbon. — Service religieux : M. Pastre, son catéchisme, P. Minot. — M. de Solages, son martyre. — Ecoles primaires. — Collége royal. — Abolition de la traite. — Première invasion du choléra. — M Betting de Lancastel, premier directeur de l'intérieur. — Sinistre de 1829. 48

CHAPITRE VI. — De 1830 à 1848 : Révolution de 1830. — Ses conséquences pour Bourbon. — M. Dalmond, son zèle ; il meurt à Madagascar; Mgr Poncelet, progrès religieux. — Nossi-Bé, Mayotte, Sainte-Marie, dépendances de Bourbon. — Affaires de Tamatave. — Patronage des esclaves. — Le père des noirs 60

CHAPITRE VII. — De 1848 à 1862 : Révolution de 1848. — La République est proclamée à Bourbon. — Abolition de l'esclavage. — Le commissaire général Sarda-Garriga. — M. Doret. — La colonie est érigée en diocèse. — Mgr Desprez, premier évêque de Saint-Denis, prend possession de son siége. — Heureuses conséquences de cette création. — M. Hubert Delisle ; pour la première fois la colonie est gouvernée par un de ses enfants. — Le baron Darricau continue et poursuit l'œuvre de progrès et de prospérité. — Derniers événements 68

Chapitre VIII. — Position, configuration, superficie, montagnes, sol, volcans, caps et pointes. Variétés de climat, de végétation. 79

Chapitre IX. — Hydrographie : Rades.— Côte. — Rivages. — Marées. — Quartiers maritimes . . 89

Chapitre X. — Rivières et torrents. — Etangs et mares. — Eaux thermales et minérales. — Canaux 92

Chapitre XI. — Température. — Saisons. — Vents. Ouragans ou cyclones. — Pluies. — Durée du jour. — Crépuscules. — Soleil perpendiculaire sur Bourbon.—Différence des méridiens de Paris et de la Réunion — Points géographiques situés sur la longitude de l'île. — Antipodes. — Aspect du ciel.—Nuages. 101

Chapitre XII. — Habitations. —Culture. — Sucreries. — Epices. — Vanille — Fruits. — Forêts. — Jardin botanique et Muséum. — Animaux de trait et de bétail. — Règne animal. — Routes . 114

Chapitre XIII. — Population. — Langues. — Instruction publique. 123

Chapitre XIV. — Religion. — La Colonie préfecture apostolique. — Erection de l'évêché de Saint-Denis. — Chapitre cathédral. — Séminaire.— Division actuelle du diocèse, archidiaconés, 9 cantons, 50 paroisses. — Congrégations religieuses établies dans le diocèse. — Associations et confréries. 127

Chapitre XV. — Commerce. — Pays en relation de commerce avec la Réunion. — Importations et exportations. — Mouvements de la navigation. — Cabotage. — Consulats. — Industrie. — Professions manuelles. — Publications périodiques. — Anciennes mesures 135

Chapitre XVI. — Gouvernement. — Administration. —Gouvernement colonial.—Conseil privé. — Conseil général. — Délégué. — Guerre et marine — Commissariat, garnison, milices. . . . 140

Chapitre XVII. — Administration intérieure. — Direction de l'intérieur. — Communes. — Division judiciaire. — Police. — Etablissements d'utilité publique 145

Chapitre XVIII. — Division naturelle de l'ile. — Partie-du-Vent : Saint-Denis, Sainte-Marie, Sainte-Suzanne, Saint-André, Salazie, Saint-Benoit, Plaine des Palmistes et Sainte-Rose. .

Chapitre XIX.. — Partie-sous-le-Vent. — Saint-Paul, Saint-Leu, Saint-Louis, Saint-Pierre, Saint-Joseph et Saint-Philippe. 162

Chapitre XX. — Maurice : Précis historique et topographique, situation religieuse.— Rodrigue. — Seychelles. — Madagascar.— Précis topographique, provinces : Sainte-Marie. — Nossi-Bé. — Mayotte, les Comores. 178

Chapitre XXI. — Cap de Bonne-Espérance. — Port-Natal. — Mozambique, Zanguebar et Ajan. — Mer Rouge. — Suez. — Aden, Mascate. . . 202

Chapitre XXII. — Bombay. — Goa.— Mangalore. — Les Maldives.— Ceylan.— Karikal.— Pondichéry. — Madras.— Calcutta. — Chandernagor, etc. — Iles Andaman, Nicobar. — Singapore. — Sumatra, Java, Nouvelle-Hollande. —Saint-Paul et Amsterdam. 210

Chapitre XXIII.— Appendice : Itinéraire des routes de l'île de la Réunion. — Anciennes mesures de la colonie. — Possessions françaises avec la date de l'établissement, la superficie en kilomètres carrés et la population. — Didier Maillot au tribunal de M. Dupart (conte en prose créole). — Le rat de ville et le rat des champs (fable en vers créoles).—Le Noir cuisinier. — Conclusion. — Prière des enfants de Bourbon en faveur de leur île chérie, carte de l'île de la Réunion. — Carte de l'océan Indien, Maurice, Madagascar, principaux points baignés par la mer des Indes, canal de Suez. 223

FIN DE LA TABLE.

NOTICE

HISTORIQUE, GÉOGRAPHIQUE ET RELIGIEUSE

SUR L'ILE BOURBON

OU DE LA RÉUNION

PREMIÈRE PARTIE

HISTORIQUE.

CHAPITRE Ier. — De 1513 à 1700.

Bourbon, sa découverte par les Portugais. — La France en prend possession. — L'île est concédée à la Compagnie des Indes. — Premiers habitants, première chapelle et premiers missionnaires. — Réfugiés de Madagascar. — Premières concessions. — Age d'or de la colonie. — Premiers colons, leurs descendants. — Origine de la traite. — Premiers commandants ou gouverneurs.

1. D. Qu'est-ce que l'île Bourbon ou de la Réunion?

R. L'île *Bourbon* ou de la *Réunion* est une colonie française située dans la mer des Indes, à l'est de Madagascar, et la plus occidentale des îles Mascareignes.

Le groupe des Mascareignes comprend les îles Bourbon, Maurice et Rodrigue.

Bien que l'île Bourbon soit située sous la zone torride, son beau ciel, son air pur, la douceur de sa température, la salubrité de son climat, l'abondance de ses eaux, la fraîcheur de ses brises, la fécondité de son sol, ses riches productions, l'importance de son commerce, la civilisation avancée de ses habitants, tout concourt à faire de ce séjour un des points les plus agréables et des plus sains du monde, la plus belle et la plus riche des colonies françaises; aussi a-t-elle été appelée par les navigateurs l'*Éden insulaire*, et par sa métropole, la *colonie modèle*.

2. D. En quelle année l'île Bourbon fut-elle découverte?

R. L'île Bourbon fut découverte en 1513 (1) par des navigateurs portugais qui la nommèrent d'abord SANCTA APOLLONIA, sans doute parce qu'ils la découvrirent le 9 février, fête de l'illustre vierge

(1) Le cardinal Saraïva, dans l'*Index des découvertes des navigateurs* (1848) dont les éléments ont été pris dans les archives du Portugal, sa patrie, dit que don Pedro de Mascarenhas découvrit en 1513 les îles qui prirent plus tard son nom. Sur une carte portugaise datée de 1527, Bourbon porte le nom de Sancta Apollonia. Ce gracieux nom ne devait pas rester à notre belle colonie. Vers et après 1545, époque donnée à tort par plusieurs auteurs comme date du passage à Sancta Apollonia du navigateur Mascarenhas, l'île fut généralement nommée Mascareigne.
(*Notes sur l'île de la Réunion*. L. MAILLARD.)

C'est d'après ce document qu'on a adopté l'année 1513, comme celle de la découverte de l'île Bourbon par les Européens ; car il pourrait se faire qu'elle eût été connue des Arabes avant cette époque.

et martyre d'Alexandrie ; plus tard MASCAREIGNE, du nom de Mascarenhas, leur chef.

Christophe Colomb venait de découvrir l'Amérique (1492), Vasco de Gama s'était frayé un passage aux Indes Orientales par le cap de Bonne-Espérance (1497), Ruy-Pereira et Tristan d'Arunha avaient reconnu Madagascar (1508), lorsque don Pedro de Mascarenhas, d'une illustre famille du Portugal, découvrit Bourbon. L'île était déserte et couverte de forêts. Elle offrait un sol fécond, un beau climat, des rafraîchissements en abondance ; des oiseaux de toute espèce remplissaient ses bocages, ses rivages étaient couverts de tortues, ses rivières et ses côtes fourmillaient de poisson. Pourtant les Portugais, après avoir laissé quelques animaux, l'abandonnèrent, sans doute parce que la Providence lui avait refusé des ports et que ses rivages étaient généralement escarpés et ses rades peu sûres.

3. *D.* En quelle année la France prit-elle possession de l'île Mascareigne ?

R. Les armes de la France furent arborées, pour la première fois, à Mascareigne en 1638, mais ce ne fut qu'en 1642 que M. de Pronis en prit officiellement possession au nom de Louis XIII.

En juin 1638, le navire le *Saint-Alexis*, relâcha à Mascareigne. Le capitaine Gaubert qui le commandait, trouvant l'île inhabitée, y arbora les armes de la France.

Le 29 janvier 1642, une compagnie de négociants, à la tête desquels était Rigault, capitaine de la marine marchande, obtint du célèbre cardinal Richelieu, surintendant du commerce et de la navigation, le privilége de fonder des colonies à Madagascar et dans les îles voisines, avec obligation d'en prendre possession au nom du roi de France.

Le *Saint-Louis*, capitaine Coquet, premier vaisseau expédié par la Compagnie, partit du port de Lorient en mars 1642. Vers le mois d'août, il relâcha à Mascareigne, encore inhabitée. M. de Pronis, agent de la Compagnie, en prit possession au nom du roi de France. Le *Saint-Louis* continua ensuite sa route avec tout son monde, et aborda à Madagascar au mois de septembre de la même année.

En 1649, sous la minorité de Louis XIV, et par ordre du cardinal Mazarin, de Flacourt, commandant du Fort-Dauphin, à Madagascar, ravi des récits merveilleux que lui avaient faits quelques-uns de ses hommes qui arrivaient de Mascareigne, où les avait exilés de Pronis, y envoya sur le *Saint-Laurent* quelques familles pour l'occuper, prescrivant au capitaine Roger du Bourg d'en prendre de nouveau et plus solennellement possession au nom de Sa Majesté très-chrétienne.

4. D. Où se fit la cérémonie de la deuxième prise de possession?

R. La cérémonie de la deuxième prise de possession se fit vers le 15 novembre 1649, au lieu qui depuis a conservé le nom de *la Possession*.

Sur un arbre du rivage, au-dessous des armes du roi, fut attachée la prise de possession, et le nom de *Mascareigne* fut changé en celui de *Bourbon*, « ne pouvant, dit M. de Flacourt, trouver un nom qui pût mieux cadrer à sa bonté et fertilité, et qui lui appartînt mieux que celui-là. »

5. *D.* N'y eut-il pas une troisième prise de possession?

R. En 1671, la France, par M. de la Haye, commandant d'une escadre royale, prit pour la troisième fois possession de l'île Bourbon.

M. de la Haye arriva à Bourbon en mai 1671, avec une escadre de dix vaisseaux. Après avoir fait reconnaître son autorité dans *l'habitation de Saint-Denis*, qui avait été fondée en 1665, et publier les lettres-patentes de Louis XIV, qui lui donnaient un pouvoir absolu sur le gouvernement de l'île, il en prit de nouveau et plus solennellement possession au nom du roi. A cette occasion, une pierre fut sculptée : sur le manteau royal, assez grossièrement indiqué, ressortent trois fleurs de lis; puis en creux sont gravés ces mots : Jacob de la Haye, vice-roi des Indes, avec le millésime 1671. Cette pierre historique se voit encore dans le vestibule de l'hôtel du Gouvernement, à Saint-Denis.

6. *D.* En quelle année et à quelle occasion Louis XIV concéda-t-il l'île Bourbon à la Compagnie des Indes Orientales?

R. Ce fut en 1664 que Louis XIV, en créant la Compagnie des Indes Orientales, pour étendre le commerce de la France, lui concéda Madagascar et ses dépendances, et par conséquent l'île Bourbon.

7. *D.* A quelle époque remonte l'ère coloniale de Bourbon?

R. On ne peut guère faire remonter l'ère coloniale de Bourbon qu'après la prise de possession de 1671.

Les premiers vaisseaux que la Compagnie des Indes expédia de Brest le 16 mars 1665, portaient 520 hommes à Madagascar, où ils arrivèrent le 20 juillet. Trois de ces vaisseaux, le *Taureau*, l'*Aigle-Blanc* et la *Vierge-du-Bon-Port*, s'étaient séparés de l'escadre pour passer à l'île Bourbon, où ils ne trouvèrent que deux Français cultivant auprès d'une fontaine de la côte de l'Ouest, du tabac, des plantes potagères, et élevant des porcs et des chèvres qu'ils fournissaient aux navires qui abordaient sur cette côte. L'un de ces solitaires se nommait Louis Payen. Pris par les Anglais en repassant en France, il perdit tout ce qu'il avait. Profitant de ses malheurs, après avoir obtenu sa liberté, il se donna tout à Dieu et se fit ermite à Vitry-le-Français, son pays natal. Son compagnon, qui paraissait lui être soumis, s'engagea au service de la Compagnie. Outre ces deux habitants, il y en avait dix autres originaires de Madagascar, sept hommes et trois femmes. S'étant révoltés contre les deux blancs, ils s'étaient réfugiés dans des lieux inaccessibles, et furent le premier noyau des *noirs marrons*. Avant de quitter Bourbon, les navires y laissèrent un marchand nommé Baudry, avec un des principaux agents de la Compagnie, appelé Étienne Regnault, et vingt-quatre ouvriers qui étaient sous ses ordres.

Dur, mais laborieux et intelligent, Regnault organisa le travail et établit l'ordre. Les hauteurs du Bernica et de Saint-Gilles commencèrent à se couvrir de plantations.

Ce faible noyau d'habitants grossit rapidement : la

salubrité du climat, les charmes du séjour engagèrent bon nombre de marins, qui y relâchaient, à s'y établir ; ce que firent aussi des malades que laissaient les navires qui sillonnaient ces mers. Parmi ceux qu'y déposa, le 24 février 1667, pendant quelques mois de relâche, une flotte française venant du Brésil, se trouvait le P. Louis de Matos, portugais, religieux cordelier. Il fut le premier prêtre qui exerça le saint ministère. En octobre de la même année, M. Jean Jourdié, lazariste, y aborda aussi, envoyé de Madagascar par ses confrères pour y rétablir sa santé et donner ses soins aux premiers colons, qui, sous la direction de leur chef Regnault, s'étaient empressés d'édifier une modeste chapelle sur les bords de l'étang de Saint-Paul. L'office divin y fut célébré par le missionnaire que la Providence leur avait envoyé, et qui resta au milieu d'eux jusqu'en juin 1671. Ce fut M. Jourdié qui commença à tenir registre des baptêmes, sépultures et mariages. Il est donc regardé, avec raison, comme le premier pasteur de la colonie naissante.

En mars 1669, M. Jourdié fut rejoint à Bourbon par M. Michel Montmasson, son supérieur et son confrère, venant aussi de Madagascar, et qui, quelques années après (1673), n'échappa au massacre du Fort-Dauphin et ne rentra miraculeusement en France que pour aller chercher une mort plus glorieuse au nord de l'Afrique. Ce digne enfant de Saint-Vincent de Paul, devenu vicaire apostolique d'Alger, fut attaché, en 1683, à la bouche d'un canon, par ordre du dey, et lancé sur les vaisseaux du maréchal d'Estrées. Bourbon peut donc se glorifier d'avoir eu pour un de ses premiers apôtres un martyr de la foi.

8. *D.* Où se réfugièrent les Français échappés au massacre du Fort-Dauphin?

R. Les Français échappés au massacre du Fort-Dauphin se réfugièrent en partie à Bourbon.

Lorsqu'en 1673, la France eut à déplorer les désastres de Madagascar, un petit nombre de colons échappés au massacre du Fort-Dauphin se réfugièrent à Bourbon. Ils y furent accueillis avec empressement. La colonisation était en voie de progrès dans cette île ; ce dernier renfort ne contribua pas peu à le développer. Les réfugiés, après avoir remercié Dieu de les avoir sauvés, témoignèrent leur reconnaissance du bon accueil qui leur avait été fait, en mettant au service de la colonie naissante tout ce qu'ils avaient de force, d'expérience et de capacité. Ils furent puissamment aidés dans cette tâche par les missionnaires lazaristes qui, échappés comme eux au massacre du Fort-Dauphin, se fixèrent à Bourbon. Ce fut surtout à ces pieux et courageux enfants de Saint-Vincent de Paul qu'on dut l'immense amélioration morale qui ne tarda pas à se faire remarquer dans la masse de la population. Quelques protestants fuyant la France, par suite de la révocation de l'édit de Nantes, vinrent aussi, vers la même époque, se réfugier à Bourbon et accroître sa prospérité. Ils furent si touchés de l'accueil des colons et des soins des missionnaires, que bientôt, et comme d'eux-mêmes, ils revinrent à l'antique foi.

9. *D.* A quelle époque remontent les premières concessions régulières faites aux colons?

R. D'après les archives, les premières concessions faites régulièrement aux colons ne datent que de 1690.

Cependant il y avait eu des terrains concédés avant 1673, mais ce ne fut que vers 1690 que plusieurs Français ayant formé des projets de grande exploitation, le Gouvernement en favorisa l'exécution en leur accordant de vastes terrains dans la colonie. C'est seulement alors que la culture des terres fut entreprise sur des bases un peu larges, et que l'île Bourbon prit son rang parmi les possessions françaises d'outre-mer; elle devint même une des échelles de l'Inde, et les navires allant à Madagascar eurent ordre d'y toucher. La Compagnie des Indes s'en occupa plus sérieusement, et y établit une administration régulière et permanente. De son côté, la métropole donna elle aussi toute espèce d'encouragement à sa colonisation; elle poussa même ses attentions et la prévoyance jusqu'à envoyer de jeunes orphelines pour être mariées aux habitants, auxquels elles apportaient une petite dot fournie par la mère-patrie.

10. *D.* Comment peut être regardée cette première période de l'ère coloniale de Bourbon?

R. Cette première période de l'ère coloniale de Bourbon peut être regardée comme l'âge d'or de la colonie.

La pêche, la chasse, la culture des grains nourriciers, l'élève du bétail, etc., faisaient la principale occupation de ces premiers colons; la plupart des maisons demeuraient constamment ouvertes. L'hospitalité de ses premiers habitants était si empressée, que c'était un proverbe des vieux créoles : « Qu'on pouvait faire le tour de l'île sans avoir une piastre dans la poche, ni louer âne ou mulet. »

La réputation de paix et de bonheur qu'offrait l'île Mascareigne ou Mascarin, car elle était alors encore plus ordinairement désignée sous ce nom, s'était répandue dans toute l'Europe, et les marins de toutes les nations l'avaient surnommée l'*Éden* ou le *Paradis terrestre*.

11. D Donnez le nom de quelques-uns des premiers colons ?

R. Parmi les premiers colons, auxquels on peut en partie reporter l'origine de la population blanche actuelle, on trouve les noms des Aubert, Baillif, Cadet, Déguigné, Delaunay, Dennemont, Esparan, Fontaine, Goneau, Gruchet, Hibon, Laroche, Macé, Malet, Mottet, Mussard, Nativel, Panon, Payet, Ricbourg, Robert, Roulof, Técher, etc., noms qui appartiennent à des familles nombreuses de la colonie.

Honneur et reconnaissance aux hommes qui ont les premiers exposé leur fortune et leur avenir sur le territoire de Bourbon, et ont ainsi ouvert la voie prospère, si fructueusement suivie jusqu'à nos jours par leurs descendants et par ceux qui, marchant sur leurs traces, sont venus s'établir dans cette île fortunée ! Les descendants des familles européennes qui vinrent s'établir dans l'île étaient grands, bien faits, pleins de candeur et de fierté. Cette race, d'après M. de Labourdonnais, qui vécut longtemps au milieu d'elle, « était aussi remarquable par sa stature et ses proportions, que par sa force et sa santé, et sous tous les rapports elle était égale au moins, sinon supérieure, aux nations de l'Europe les plus renommées. » La beauté de leur constitution tenait principalement au soin que l'on avait de ne point gêner leur enfance. La nature, libre dans ses mouvements, ne contractait pas les difformités qui sont si communes en France; on ne voyait pas parmi eux d'enfants disgraciés..... Ils étaient sobres, courageux, hospitaliers, susceptibles à l'excès sur le point d'honneur » (Azéma). Si avec le temps ce beau type créole s'est altéré sur quelques points, il reste encore assez de ces traits primordiaux pour pouvoir dire avec Lamartine : « Je n'ai jamais rencontré dans ma vie des créoles sans admirer ou sans aimer cette grande race qui associe en elle les vertus de deux ou trois continents (1). » — « Les créoles bourbonnais, braves et dévoués à la mère-patrie, ont cette vivacité d'esprit, cette générosité de cœur, cette chaleur d'affections qui attirent, qui entraînent à elles, qui cimentent les liens sociaux. On trouve en eux l'intelligence qui s'empare de toute idée utile, l'aptitude qui la développe, la persévérance qui la mûrit et la fait fructifier » (Voïart). Ce n'est pas à dire que le créole soit sans défaut. Ici-bas, qui n'a pas les siens?... Ajoutons que la colonie peut se glorifier d'avoir donné le jour à des hommes distingués dans plus d'un genre; on en citera quelques-uns dans les chapitres suivants. Ici, disons seulement avec l'auteur des *Notes sur la Réunion*, que : « des créoles qui aujourd'hui encore illustrent leur pays dans les arts, la poésie, la marine, l'armée, etc., on pourrait former une

(1) Réponse de M. de Lamartine à l'envoi d'une belle pièce de vers dédiée au grand poète par M. Gabriel Couturier, créole de Bourbon, aujourd'hui directeur de l'intérieur à la Martinique.

longue liste qui commencerait au sénat et finirait à l'humble sous-lieutenant ayant gagné ses épaulettes dans les tranchées de Sébastopol ou sous les balles de Solferino. »

12. *D.* Quelle fut la partie de l'île la première habitée?

R. Ce fut la partie occidentale de l'île, dite *Partie sous-le-vent* qui fut la première habitée.

Le débarquement des premiers colons se fit dans la rade de la *Possession*; ils traversèrent ensuite la rivière des Galets, et vinrent s'établir sur les bords de l'étang de Saint-Paul. Plus tard, les colons franchirent les montagnes et s'établirent dans la partie orientale, dite du *Vent*, et, au passage de M. de la Haye, en 1671, Saint-Denis, Sainte-Marie et Sainte-Suzanne avaient déjà des habitants.

13. *D.* Quelle fut l'origine de la traite et de l'esclavage à Bourbon?

R. La culture des terres ayant pris du développement, les premiers colons sentirent bientôt le besoin de recruter dans les pays voisins, et principalement sur la côte d'Afrique, des hommes qui, habitués aux chaleurs de la zone torride, pussent plus facilement se livrer à l'exploitation de leurs champs : telle fut l'origine de la traite et de l'esclavage.

Ces pauvres noirs, transportés à Bourbon par les navires de la Compagnie, abattirent les forêts, qui couvraient presque toute l'étendue de l'île, les remplacèrent par de riches cultures. Ils devinrent les compagnons de travail des habitants, auxquels ils donnèrent leur sueur en retour des soins dont ils étaient l'objet; car à Bourbon, les esclaves furent généralement bien traités par leurs maîtres : c'est que le contrat protecteur du maître aussi bien que de l'esclave fut inspiré par la religion. Et c'est avec raison que Mgr l'Évêque de Saint-Denis a pu dire : « Si, à Bourbon, les rapports entre le maître et l'esclave ont toujours été entourés de paix, de dévouement réciproque et même d'affection; si les collisions terribles qui ont ensanglanté les autres colonies n'ont pas rougi le sol de celle-ci; si la transition dangereuse de l'esclavage à la liberté s'est opérée sans secousse, sans tiraillement, n'est-ce pas à cette législation éminemment humaine et évangélique qu'il faut en rapporter l'honneur et la gloire?... »

14. *D.* Par qui M. Regnault fut-il remplacé, en 1671, dans le commandement de l'île?

R. En 1671, M. Regnault fut remplacé par le capitaine d'infanterie de la Hure.

L'amiral de la Haye, avant de quitter Bourbon, y fit plusieurs règlements d'utilité publique, et en confia le gouvernement à M. de la Hure, à qui succédèrent MM. d'Orgeret, qui mourut en fonctions, en 1678, et fut fort regretté des colons; de Fleurimont, qui mourut aussi en fonctions, en 1680; de Vaubulon, qui, s'étant rendu odieux, fut déposé par les habitants, arrêté et mis en prison à Saint-Denis, où il mourut le 15 août 1692 (1);

_____
(1) Dans ses Mémoires, Houssaye, capitaine du vaisseau *Les Jeux*, parle ainsi de ce fait : « De Chauvigny me demanda si je

le R. P. Hyacinthe, mineur capucin de Quimper, qui, d'après les traditions locales, établit un certain ordre dans son administration et conserva de fait, si ce n'est de nom, son autorité, à la satisfaction générale des habitants et de la France, jusqu'à sa mort arrivée en 1696. Le gouvernement de l'île passa successivement entre les mains de M. Tirelin, qui n'administra, dit-on, que sous la direction du P. Hyacinthe, et, selon quelques-uns, immédiatement après l'arrestation de Vaubulon, entre celles de MM. Prades, Joseph Bastide, Jacques de la Cour et Jean-Baptiste de Villers ; ce dernier gouverna Bourbon de 1701 à 1709.

» ne pourrois pas passer dans mon bord un honeste homme pour
» retourner en France, qui pût éclairer Messieurs de la Compa-
» gnie de tout ce qui se passoit dans l'île..... Il me dit que la
» Compagnie estoit volée..... par ordre du gouverneur..... que les
» habitants estoient réduits à un estat si pitoyable qu'ils gémis-
» soient tous les jours en attendant d'envoyer leurs plaintes, et
» me dit que le R. P. Hyacinthe m'informeroit de tout plus parti-
» culièrement, ce que j'ay fait et trouvé très-véritable..... »
Enfin le sieur de Chauvigny m'ayant fait voir le désespoir où estoient tous les habitants, et si grand, qu'ils avoient pris résolution de lier et garotter ledit gouverneur, et de m'en charger avec leurs raisons pour le repasser en France, et de restablir le sieur Chauvigny pour leur gouverneur et que la proposition lui en avoit esté faite non-seulement par les pauvres habitants, mais mesme par le R. P. Hyacinthe..... ce que j'ay trouvé très-vray de l'aveu mesme du P. Hyacinthe..... De manière, pour conclusion, que j'ay jugé à propos de donner passage audit sieur Chauvigny..... pour vous donner une entière lumière de toutes choses ainsy que les lettres du R. P. Hyacinthe qui vous confirmeront tous ces vérités.

(*Notes sur l'île de la Réunion.*)

CHAPITRE II. — De 1700 à 1735.

Un légat de Clément XI visite Bourbon. — La Mission est confiée aux Lazaristes. — M. Renou, 1er préfet apostolique et ses compagnons. — Leur arrivée. — Saint-Lazare envoie des missionnaires jusqu'en 1793. — Nouvel envoi en 1861. — Etat religieux de la colonie en 1715. — Les missionnaires y font revivre les mœurs de la primitive Eglise. — Le bon chevalier Parat. — Culture du café. — Organisation des milices. — Les forbans. — Prise de possession de Maurice. — Désastres de 1723. — Conseil supérieur. — 1729, encore une année désastreuse. — Dévouement et mort de M. Abot, curé de Saint-Paul.

15. *D.* Par qui la colonie fut-elle visitée en 1703 ?

R. En 1703, la colonie eut l'honneur d'être visitée par Mgr Thomas Maillart, cardinal de Tournon, légat *a latere* du pape Clément XI aux Indes et en Chine.

Le légat officia à Saint-Paul le jour de l'Assomption, et administra le sacrement de confirmation. Il engagea les colons à construire des chapelles, et combla d'éloges la famille Mussard pour celle dédiée aux saints Anges, qu'elle faisait élever sur le bord de la mer (1); promit aux habitants de s'occuper de leurs intérêts religieux, et d'écrire à ce sujet à la Propagande de Rome. En effet, quelques années après, Clément XI confiait définitivement la mission de Bourbon aux Prêtres lazaristes. Jusqu'à cette époque, le service religieux de la colonie

(1) Cette chapelle se voit encore sur la place d'armes de Saint-Paul.

avait été fait soit par les aumôniers des navires français, soit par quelques prêtres séculiers ou des missions étrangères, etc.

16. *D.* En quelle année la Mission de Bourbo fut-elle confiée aux Prêtres lazaristes?

R. La Mission de Bourbon fut confiée aux Lazaristes en 1711, mais ils n'en prirent possession qu'en 1715.

En 1712, M. Bonnet, supérieur général des lazaristes, désigna MM. Daniel Renou, Louis Criais, Jacques Houbert et Jean-René Abot pour cette mission. L'embarquement eut lieu à Saint-Malo, le 24 juin 1712, et, après bien des contrariétés, ils abordèrent enfin, en décembre 1714, à Saint-Denis, où ils furent reçus comme des anges de paix, avec les démonstrations de la joie la plus vive, par le bon chevalier Parat, gouverneur de l'île. Ces missionnaires ne trouvèrent dans la colonie qu'un seul prêtre, le P. N.-L. Duval, religieux augustin, qui résidait à Saint-Paul. Le 3 janvier 1715, ils entrèrent en possession des trois cures et des presbytères qu'il y avait dans l'île. M. Renou, préfet apostolique, resta avec un Frère coadjuteur à Saint-Denis, où résidait déjà le gouverneur. MM. Criais et Abot s'établirent à Saint-Paul, et M. Houbert à Sainte-Suzanne.

Le Pape, qui avait conféré à l'archevêque de Paris juridiction sur toutes les colonies françaises, donna aussi le titre de préfet apostolique à M. Renou, supérieur de la Mission, et à l'archevêque de Paris, celui de vicaire général.

Saint-Lazare ne cessa d'envoyer des ouvriers évangéliques à Bourbon que lorsque la tourmente révolutionnaire de 1793, eut emporté de la France, avec toutes les autres congrégations religieuses, la famille de Saint-Vincent de Paul. Les Lazaristes qui se trouvaient en mission à l'île Bourbon, attachés par mille liens sacrés à son sol, ne l'abandonnèrent pas et purent, comme on le verra plus tard, continuer en paix leur ministère comme dans les jours les plus prospères de la monarchie. C'est ainsi que la colonie les a vus tous s'éteindre successivement dans la paix du Seigneur. M. l'abbé Davelu, curé de Saint-Paul en 1817; M. l'abbé Colin, curé de Saint-Denis, en 1838; M. l'abbé Minguet, curé de Sainte-Suzanne, en 1841 seulement : « Leurs cendres, a dit Mgr Maupoint, sont à peine refroidies, mais leur mémoire restera toujours parmi nous en bénédiction. Du fond de leurs sépulcres, ils prêchent encore la foi et la soumission à l'Eglise aux enfants dont ils ont évangélisé les pères (1). »

La Mission des enfants de Saint-Vincent de Paul à Bourbon, interrompue depuis 1841, vient d'être reprise par l'arrivée récente (1860) de quatre Sœurs de charité, de deux missionnaires et d'un frère lazaristes (1861) que Mgr l'évêque de Saint-Denis a solennellement installés à Sainte-Suzanne (2).

17. *D.* Quel était l'état de la colonie à l'arrivée des missionnaires lazaristes?

R. A l'arrivée des missionnaires lazaristes, la

(1) Discours de Mgr Maupoint, à l'installation des Filles de la Charité à Bourbon, 19 mars 1860.

(2) Voir dans l'*Almanach religieux de Bourbon* pour 1861, l'installation des Filles de la Charité, et dans celui de 1863 celle des Lazaristes et les remarquables discours prononcés par Mgr l'évêque de Saint-Denis.

colonie qui n'avait eu jusqu'alors des prêtres que par occasion et souvent un seul pour desservir toute l'île, laissait beaucoup à désirer sous le rapport religieux.

Ces nouveaux apôtres ne s'effrayèrent pas à la vue de la déplorable position de la colonie ; exercés depuis longtemps aux pénibles fonctions des missions dans la campagne, ils se mirent aussitôt à l'œuvre avec la plus grande circonspection, sachant bien qu'un zèle imprudent pourrait compromettre tous les fruits de leurs travaux. Ils étudièrent l'esprit des populations, leur caractère, leurs besoins, les dispositions des maîtres et des esclaves ; ils se concertaient souvent sur les moyens à prendre pour faire disparaître les désordres les plus révoltants, instruire ces peuples aussi différents par leurs mœurs que divers par leur origine; ils firent plusieurs essais, et, recueillant les résultats de leur expérience, ils arrêtèrent d'un commun accord des mesures si sages, que leurs successeurs n'eurent qu'à s'y conformer pour maintenir et développer le bien déjà commencé. Six points principaux fixèrent leur attention : 1° l'organisation des paroisses; 2° l'instruction du peuple ; 3° l'administration prudente des sacrements ; 4° la conduite à tenir à l'égard des prisonniers et des noirs fugitifs; 5° les règles de prudence auxquelles les missionnaires doivent se conformer dans leur conduite; 6° l'ordre à suivre pour les missions.

18. D. Comment Dieu bénit-il les travaux de ces missionnaires ?

R. Dieu bénit tellement les travaux des missionnaires lazaristes, que d'après les navigateurs de l'époque, ces bons pasteurs faisaient revivre à Bourbon les mœurs de la primitive Église et en avaient fait une sorte de paradis terrestre.

Leur désintéressement, les soins qu'ils prodiguaient aux pauvres, aux affligés et aux malades, leur assiduité à instruire les ignorants, leur condescendance et leur conduite toujours exemplaire touchaient tellement les populations qu'elles se présentaient à eux, lisons-nous dans une relation, comme les premiers fidèles de Jérusalem aux apôtres ; dans la disposition de se soumettre à tout ce qui leur serait ordonné, soit pour les restitutions à faire, soit pour les occasions funestes à éviter et les scandales à réparer. Les flibustiers eux-mêmes, touchés de repentir, se soumettaient avec une docilité d'enfants à leurs prescriptions. M. Renou écrivait, le 8 avril 1717 : « Le Seigneur continue à bénir nos travaux et à récompenser le zèle pieux, ardent et éclairé de nos confrères, d'un succès qui les console de toutes leurs peines et les dédommage des sacrifices qu'ils lui ont faits en quittant tout pour lui plaire ; l'état de nos paroisses n'est plus reconnaissable ; les noirs eux-mêmes, de qui j'espérais le moins, commencent à être tout autres, et la parole de Dieu opère des changements surprenants en plusieurs d'entre eux. »

Ces fruits de salut ne furent pas passagers ; dans sa circulaire du 1er janvier 1720, M. Bonnet pouvait dire, ainsi que dans leurs récits les navigateurs, qu'à Bourbon les Missionnaires faisaient revivre dans cette île les mœurs de l'Église primitive, et que le bien commencé, y étant entretenu par les missions et les retraites, en faisait une sorte de paradis terrestre.

Des difficultés de toute sorte ne manquèrent cependant pas à ces nouveaux apôtres. Les églises, dépourvues de tout ce qui était nécessaire à la décente célébration des saints mystères, se trouvaient dans un état de délabrement qui navrait leur cœur. A part celle de Saint-Paul qui avait été réédifiée en maçonnerie en 1708, et dont la bénédiction eut lieu le 24 mars de l'année suivante, les deux autres étaient toujours en bois et insuffisantes pour la population. Les presbytères, sans ameublement, tombaient en ruine. Dans le contrat passé en 1712, la Compagnie des Indes s'était engagée à pourvoir les missionnaires de tout ce que requérait l'exercice de leur saint ministère; sur ce point, comme sur tous les autres, les conventions restèrent à l'état de lettre morte, et les pasteurs durent se soumettre aux plus dures privations, dans le but de se ménager des ressources pour fournir leurs églises d'ornements convenables. Ils trouvaient une compensation à leurs sacrifices dans l'estime, la confiance et la docilité des paroissiens, toujours empressés à profiter de leurs salutaires instructions.

Ainsi réformée, la colonie grandissait à vue d'œil par l'arrivée d'un grand nombre de colons, attirés qu'ils étaient par les bénéfices que faisait espérer la culture du café moka introduite en 1716.

19. *D.* A qui fut confié le gouvernement de l'Ile en 1710?

R. En 1710, le gouvernement de l'île fut confié au bon chevalier Parat qui fut un des principaux bienfaiteurs du pays.

C'est sous le chevalier Parat, qui succéda à M. de Charanville, que fut créé le *Conseil provincial*, réunissant les pouvoirs administratifs, militaires et judiciaires. Il était composé des directeurs de la Compagnie, du gouverneur, des missionnaires et de quelques notables colons. Ses jugements étaient exécutés par provision, sauf l'appel à celui de Pondichéry. Le territoire de l'île fut divisé en sept paroisses qui reçurent un curé et un agent de la Compagnie sous le nom de commandant de quartier; celui-ci réunissait les pouvoirs civils et militaires : l'usage de mesurer les terres au moyen d'une *gaulette* de 15 pieds s'introduisit vers ce temps.

20. D. A qui est due l'introduction de la culture du café?

R. L'introduction de la culture du café, à Bourbon, est due au chevalier Parat.

Sous le chevalier Parat on s'aperçut que les arbustes qui portaient ce fruit renommé, croissaient naturellement dans l'île. Ce café, connu encore sous le nom de *café marron*, ayant été trouvé inférieur à celui d'Arabie, par suite des soins et des démarches du chevalier Parat, le capitaine Dufougerais-Garnier introduisit dans la colonie les plans et les graines qu'il avait été prendre à Moka (1). Cette culture prit avec le temps beaucoup d'extension et demeura pendant près d'un siècle la source la plus féconde de la fortune coloniale. En 1801 la colonie récoltait encore 3,500,000 kilog. de café ; mais depuis, cette culture a été tellement négligée que le temps ne semble pas éloigné où la colonie ne pro-

(1) D'après les recherches de M. L. Maillard, ce serait M. de la Boissière, capitaine de *l'Auguste*, qui en 1715 aurait apporté à Bourbon les premiers plants de café Moka.

duira plus assez de café pour sa propre consommation.

Avant l'introduction de la culture du café, les productions de la colonie ne consistaient guère que dans les récoltes de tabac, de coton, de maïs, de riz, de blé et autres grains qui suffisaient, et au delà, à tous les besoins de son alimentation. A cette époque, l'excédant de la consommation intérieure devait être porté dans les magasins de la *Compagnie*, où ces denrées étaient payées suivant un tarif. Les habitants pouvaient toutefois les trafiquer entre eux ; mais ils ne pouvaient les vendre aux navires et aux étrangers.

21. *D.* A quelle époque remonte l'organisation des milices ?

R. L'organisation des milices, pour la garde du pays, remonte à 1718.

Ce fut sous le gouvernement de M. de Beauvolier de Courchant que fut organisée une milice à laquelle furent assujettis tous les hommes valides de vingt-cinq à soixante ans. Elle était destinée à la garde du pays, à l'époque où l'île, sans fortifications, n'était pas à l'abri des écumeurs de mers, comme dit le P. Jacques, qui raconte que quelques mois avant son passage à Bourbon, en 1822, les forbans (1) avaient enlevé un gros vaisseau

(1) Les forbans et pirates apparurent dans la mer des Indes dès l'année 1684 et surtout en 1688. Leur quartier général était Madagascar, la plupart étaient Anglais ou Danois.—De 1710 à 1720, les pirates firent peu parler d'eux, mais à cette dernière époque surgirent les Taylor, les Coudent, les Egland et surtout le nommé la Buze, qui réussirent dans les entreprises les plus audacieuses ; entre autres, le 8 avril 1721, dans l'enlèvement du navire et des richesses du comte d'Ericeira, vice-roi de Goa, sur la rade de Saint-Denis. Le vice-roi, l'archevêque de Goa, plusieurs per-

portugais dans la rade de Saint-Denis et un navire hollandais dans celle de Saint-Paul. Il était aussi devenu nécessaire de montrer une attitude imposante aux esclaves dont le nombre s'accroissait toujours, et se défendre au besoin contre les agressions et les déprédations des noirs marrons. Ordre fut donné aussi vers cette époque d'établir des geôles ou prisons dans les quatre principaux quartiers de l'île. La Compagnie fournit les clous et ferrures, le reste fut fait par corvées des habitants.

22. D. En quelle année la France prit-elle possession de l'île Maurice ?

R. Ce fut le 20 septembre 1715 que le capitaine Guillaume Dufresne prit possession de l'île Maurice au nom de la France. — En 1721, cette prise de possession fut renouvelée par le chevalier Dufougerais-Garnier (1). Ce fut donc à quelques colons bourbonnais que la France dut une de ses plus belles colonies.

Cet événement s'accomplit sous l'administration du successeur du chevalier Parat, M. Beauvolier de Courchant, qui rendit aussi d'autres services à la colonie en y favorisant et provoquant l'introduction de plusieurs

sonnes de distinction et tout l'équipage furent mis à terre moyennant une rançon de 2,000 piastres. Ces Portugais repartirent pour l'Europe dans le courant de l'année suivante..... Ajoutons qu'en 1730, le sieur L'Hermite, capitaine du vaisseau *la Méduse*, prit à Madagascar le fameux forban la Buze, celui qui avait capturé le vaisseau du vice-roi de Goa. Le conseil supérieur de Bourbon fit le procès dudit forban, qui fut pendu le 17 juillet. (L. MAILLARD.)

(1) Voir la petite Notice sur l'île Maurice, chapitre XIX de la IVe partie.

végétaux précieux et en particulier la vigne. C'est à lui que l'on doit aussi les premiers travaux de route de Saint-Paul à Saint-Denis. Appelé en 1723 au gouvernement de Pondichéry, il fut remplacé à Bourbon par M. Antoine Desforges-Boucher, qui mourut en fonctions le 1er décembre 1725.

23. *D.* Par quels tristes événements fut signalée l'année 1723 ?

R. L'année 1723 fut tristement célèbre par les dommages occasionnés par d'affreux ouragans et par un vaste incendie qui dévora, à Saint-Paul, le trésor et les papiers de la colonie.

Dans cette double détresse les missionnaires lazaristes furent heureux d'offrir au gouvernement tout ce qu'ils possédaient personnellement et tout ce qui leur avait été confié pour être employé en bonnes œuvres.

Les importants services des premiers apôtres de Bourbon se multipliaient ainsi avec les besoins de la colonie : le soin des orphelins, des vieillards délaissés, des pauvres, des infirmes, des lépreux, l'éducation de la jeunesse, la direction des âmes, l'administration des hôpitaux : tout était confié à leurs pieuses mains et surtout à leurs cœurs. *Si nous nous taisions,* a dit Mgr Maupoint, *les pierres mêmes des principales églises du diocèse et des autres établissements qui existaient dans ces paroisses avant 1793, élèveraient la voix en ce moment pour accuser notre ingratitude.*

En effet, lorsque en 1714, les Lazaristes envoyés par la Sacrée-Propagande arrivèrent à Bourbon, ils n'y trouvèrent que trois églises ou chapelles : Saint-Paul, Saint-Denis, Sainte-Suzanne, dépourvues à peu près de tout ce qui était nécessaire au culte. Les presbytères étaient aussi pauvres que les églises, et la *Compagnie* oubliant ses engagements avait laissé aux missionnaires et aux habitants à pourvoir à tout ; aussi le célèbre Labourdonnais a pu dire que les missionnaires avaient épargné plusieurs millions à la *Compagnie*. Ajoutons que c'est ce que renouvellent de nos jours le zèle et le dévouement du clergé de la colonie. Il y a une dizaine d'années, à peine treize églises paroissiales existaient dans l'île ; aujourd'hui, c'est une cinquantaine, plus ou moins monumentales, qu'on en compte. Sans doute le budget colonial et ceux des communes ont puissamment contribué à la construction de ces édifices religieux ; mais le zèle et le dévouement des pasteurs secondés par les sueurs et les libéralités de leurs ouailles ont eu aussi une large part à l'édification et surtout à l'ornementation de ces édifices, la gloire et le vrai palladium des populations qu'ils abritent.

24. D. En quelle année le Conseil supérieur remplaça-t-il le Conseil provincial ?

R. Le Conseil supérieur remplaça en 1724 le Conseil provincial, qui n'était plus en rapport avec les besoins de la colonie.

La longueur des procédures que nécessitait l'appel à Pondichéry des jugements rendus à Bourbon, la facilité que cet état de choses donnait aux plaideurs de mauvaise foi de prolonger les procès, et l'impunité qu'ils faisaient concevoir aux criminels furent la cause de la suppression du Conseil provincial.

Le Conseil supérieur était tout à la fois législatif, judiciaire et administratif. Il rendait la justice en premier et en dernier ressort, en se conformant à la *coutume* de Paris. Ses décisions se rendaient à trois voix dans les matières civiles, et à cinq dans les matières criminelles. L'île de France fut en même temps dotée d'un pareil Conseil, mais les appels en étaient portés à celui de Bourbon ; il ne jugeait en dernier ressort que les esclaves seulement.

En 1727, il fut prescrit au gouverneur de séjourner chaque année six mois à Bourbon et six mois à l'Ile de France. Le gouvernement civil fut séparé du gouvernement militaire, et les dépenses des deux îles arrêtées à 105,506 francs.

Il n'y eut rien de bien remarquable sous l'administration de MM. Dioré et Dumas.

25. *D.* Qu'eut de remarquable l'année 1729?

R. L'année 1729 fut désastreuse pour la colonie: des nuées de sauterelles y causèrent de grands ravages ; à ce fléau se joignit une épidémie causée par la variole, apportée par un vaisseau venant des Indes. En cinq mois elle fit plus de 1,500 victimes. — L'épidémie sévit surtout à Saint-Paul. Le vénérable M. Abot, curé de la paroisse désolée, prodiguant ses soins à son cher troupeau, fut atteint de la maladie qui le conduisit au tombeau le 18 août 1730, pleins de jours, de bonnes œuvres et de mérites. Il fut pleuré de toute l'île qu'il évangélisait depuis 20 ans. C'est de ce digne enfant de saint Vincent de Paul qu'un pieux et fervent chrétien, M. de Beauvolier, gouverneur de la colonie, avait dit : « Que si on venait lui dire que M. Abot a fait quelque miracle, il n'en serait pas étonné. » Une conspiration d'esclaves fut découverte aussi en 1730; la rigueur exercée contre les principaux agitateurs et la clémence dont on usa envers les autres coupables eurent bientôt ramené le calme dans la population.

CHAPITRE III. — De 1735 à 1789.

Labourdonnais est nommé gouverneur-général des îles Bourbon et Maurice. — Notice sur ce grand homme. — Sa féconde administration. — Il fait prendre possession des Seychelles. — Saint-Denis devient capitale de l'île. — La Compagnie des Indes rétrocède les îles-sœurs à Louis XIV. — Erection d'un collège à Saint-Denis. — MM. Dumas et Poivre trouvent ces colonies dans un anéantissement presque total. — Notice sur Poivre. — Il laisse la colonie dans un état prospère qui se perpétue longtemps. — Les Volontaires de Bourbon dans les guerres de l'Inde. — Le capitaine Montvert.

26. D. En quelle année le célèbre Labourdonnais arriva-t-il à l'île Bourbon ?

R. Le célèbre Labourdonnais, nommé par Louis XV, gouverneur général des îles de Bourbon et de France, arriva dans la colonie le 14 juillet 1735.

Bertrand-François Mahé de Labourdonnais naquit le 11 février 1699 à Saint-Malô. Il n'avait que dix ans lorsqu'il s'embarqua pour les mers du Sud. Quatre ans après il fit un second voyage aux Indes-Orientales et aux îles Philippines. Un savant Jésuite qui était à bord du vaisseau qu'il montait lui enseigna les mathématiques. Le jeune marin profita si bien des leçons du missionnaire, qu'arrivé au terme du voyage, le modeste religieux dit à Labourdonnais : « Il était temps d'arriver, sinon les rôles allaient changer; de votre maître j'allais devenir votre élève. » En 1719 il entra au service de la Compagnie des Indes, se signala en plusieurs rencontres, notamment en 1720 à la prise de Mahé dont le nom lui fut donné; en 1746, il s'immortalisa en s'emparant de Madras sur les Anglais..... Ses brillants succès excitèrent l'envie de ses ennemis. Indigné de leur mauvaise foi, Labourdonnais évacua Madras et retourna en simple particulier à l'île de France, où déjà siégeait un nouveau gouverneur nommé par l'impérieux Dupleix. Rentré en France, il fut enfermé à la Bastille sans pouvoir même faire entendre sa justification... Son innocence fut enfin reconnue, et il fut rendu à sa famille et à la France qu'il ne pouvait plus servir ; des infirmités avaient avancé sa mort. Il expira le 9 septembre 1736, regretté de la nation qu'il avait illustrée et qui le nomma le *Vengeur de la France*, seule récompense qu'il reçut de son vivant. Après sa mort, Louis XV fit une pension à sa veuve. Les îles de France et de Bourbon firent de même en 1800, en faveur de sa fille; enfin, les îles-sœurs viennent d'acquitter une dette sacrée en élevant au vainqueur de Madras une statue à Saint-Denis et à Port-Louis.

27. *D.* Comment doit être regardé le célèbre Labourdonnais ?

R. Le célèbre Labourdonnais doit être regardé comme un des principaux bienfaiteurs des îles-sœurs, tant fut féconde en heureux résultats l'administration de ce grand homme.

Aussitôt que Labourdonnais eut pris en main le gouvernement des deux îles, il étudia sérieusement leurs besoins. Sachant que l'agriculture et le commerce sont les deux mères nourricières des individus et des peuples, il les protégea, les encouragea, les stimula l'une par l'autre. C'est lui qui favorisa la culture de la canne à sucre et introduisit dans la colonie celle du manioc, du coton et de l'indigo. Les autres céréales triplèrent sous son administration et suffirent non-seulement à l'alimentation des habitants, mais encore à celle de l'île voisine et des flottes de la France, qui sillonnaient la mer des Indes.

L'industrie marcha de front avec l'agriculture. Il jeta des ponts hardis sur les fleuves de nos profondes ravines pour les relier entre elles, traça des routes pour conduire les produits de la colonie jusque sur les galets de ses rivages, et des digues ingénieuses pour les embarquer ; édifia l'hôtel du Gouvernement, des arsenaux, des casernes, des magasins, des fortifications. Pour entretenir nos relations avec l'Europe et l'Inde, le golfe Persique et la mer Rouge, il fallait des vaisseaux et la colonie n'en avait pas ; son génie saura bien en créer. Il abat les plus beaux arbres des forêts, dispose des bassins de carénage, des chantiers de construction, forme lui-même des ingénieurs, des chefs d'atelier, des ouvriers, dresse des plans et les fait exécuter avec un bonheur indicible. Il construit un brigantin, puis des navires de haut tonnage, puis enfin une véritable flotte qui abaisse le pavillon anglais, prend Madras, et, si on l'eût laissé libre, eût élevé, dans ces parages, le drapeau de la France au plus haut degré d'honneur et de gloire.

Alors l'administration et la justice étaient en souffrance. Les deux Conseils coloniaux de Bourbon et de l'île de France ne s'entendaient pas, et la bonne harmonie qui devait toujours exister entre les deux Iles-Sœurs était troublée. Labourdonnais ramena l'unité dans ces deux Conseils : l'équilibre parfait se rétablit. Sous tous ces rapports à la fois, Labourdonnais ne mérite-t-il pas d'être regardé comme le véritable fondateur et organisateur de notre brillante colonie, si fière, et à juste titre, de sa civilisation avancée? (*Mgr Maupoint.*)

28. D. Quels événements signalèrent l'année 1742 ?

R. En 1742, Mahé de Labourdonnais fit prendre possession des Seychelles au nom de Louis XV, et quelques familles françaises des îles de Bourbon et de France s'y établirent et en commencèrent la colonisation. L'île principale de l'Archipel fut appelée Mahé en mémoire de Labourdonnais.

29. D. En quelle année Saint-Denis fut-il déclaré chef-lieu de la colonie?

R. Saint-Denis fut déclaré chef-lieu de la colonie le 16 septembre 1636, et le siége de la haute administration y fut transféré.

Le chef-lieu de la colonie avait été, dans le principe, établi à Saint-Paul, à cause de la commodité et de la bonté de sa rade où les navires trouvaient un mouillage sûr et à l'abri des vents qui règnent avec plus de violence dans la partie orientale de l'île; mais l'avantage pour les navires d'atteindre beaucoup plus promptement la tête de l'île et d'abréger leur traversée pour l'Ile de France, devenue en 1735 le siége du gouvernement des deux îles, fut sans contredit le motif décisif qui détermina ce changement. En même temps, Labourdonnais jeta à Saint-Denis les fondations de *l'hôtel du Gouvernement*, encore existant et qui est resté longtemps le plus bel édifice de la colonie.

30. D. Combien de temps la Compagnie des Indes conserva-t-elle la souveraineté de l'île Bourbon?

R. La Compagnie des Indes conserva la souveraineté de l'île Bourbon pendant près d'un siècle, car elle ne la rétrocéda à Louis XV, ainsi que l'Ile de France, qu'en 1764.

Ce fut le mauvais état des affaires de la Compagnie qui la décida à cette rétrocession. Si, sous son régime, les colons eurent à se plaindre surtout du monopole qu'elle leur imposait, il faut lui rendre cette justice qu'elle fut utile à Bourbon, et que sans cette Compagnie l'établissement de la colonie n'aurait probablement pu se soutenir. Les derniers administrateurs de Bourbon pour la Compagnie des Indes furent, après M. de La bourdonnais ou sous ses ordres : MM. l'Emery-Dumont-d'Héguerty, Dédidier de Saint-Martin, J.-B. Azéma, de Ballade, Brenier, de Lozier-Bouvet, Bertin et Bellier.

31. D. Quel fut l'événement le plus remarquable de cette période?

R. L'événement le plus remarquable de cette période fut l'érection d'un collége sous la direction des Pères lazaristes.

Le soin des paroisses, la construction des églises, l'instruction des esclaves n'absorbaient pas seules l'attention des missionnaires : l'éducation de la jeunesse était l'objet constant de leur sollicitude. Il avait été fait mention dans le contrat de 1736 de l'érection d'un collége dont la direction devait leur être confiée. N'attendant rien de la Compagnie, les Lazaristes en commencèrent la construction en grande partie à leurs frais, en 1751, dans des circonstances bien difficiles, pendant la guerre avec l'Angleterre. En peu d'années il abrita plus de 150 élèves, et ce chiffre se maintint jusqu'à sa fermeture en 1770. Cette année, le mercredi saint, alors que les élèves et les maîtres étaient à l'office, une partie de la garnison de l'Ile de France débarqua à Bourbon et s'empara des bâtiments avec l'autorisation du ministre de la marine, le duc de Praslin, à qui on avait fait entendre que ce collége, d'un entretien dispendieux au curé de Saint-Denis, ne renfermait que quelques petits enfants. Aujourd'hui encore, les bâtiments de cet ancien collége, le premier dont fut dotée la colonie, se voient encore, entre le presbytère de Saint-Denis et l'hôpital militaire, et continuent à servir de caserne.

32. *D.* A qui Louis XV confia-t-il la haute administration des îles Bourbon et de France ?

R. Louis XV confia la haute administration des îles Bourbon et de France à un gouverneur général, M. Dumas, et à un intendant, M. Poivre.

Ces deux administrateurs prirent possession du gouvernement des deux iles le 5 novembre 1767 ; ils résidaient au Port-Louis et étaient représentés à Bourbon par un commandant particulier, M. de Bellecombe, et par un commissaire général ordonnateur, M. de Crémont.

33. *D.* En quel état se trouvaient ces colonies à cette époque ?

R. Depuis l'administration du célèbre Labourdonnais tout avait été négligé ; aussi ces deux colonies étaient-elles tombées dans un anéantissement presque total.

Agriculture, commerce, industrie, administration, tout était en souffrance. M. Poivre, secondé à Bourbon par MM. de Bellecombe et de Crémont, parvint à tout rétablir. Il s'occupa surtout à ranimer l'agriculture, introduisit ou propagea beaucoup de végétaux précieux tels que le giroflier, le muscadier, le poivrier, le cannellier, le riz sec, le bois noir, etc. Les Iles-Sœurs durent encore à l'administration sage et éclairée de cet homme célèbre un grand nombre d'autres plantes utiles ou d'agrément, et l'introduction des *martins* ou merles des Philippines, pour détruire les sauterelles qui tous les ans ravageaient ces colonies. Plusieurs travaux d'utilité publique et d'embellissement furent entrepris : la fontaine du Jardin de l'État, de vastes magasins, la belle chaussée de Saint-Paul, etc... Les places publiques, les rues, chemins, etc., furent aussi l'objet de la sollicitude de l'administration, qui poussa l'attention jusqu'à recommander aux habitants de Saint-Denis de construire leurs maisons principales de l'*Est* à l'*Ouest*, parce que dit l'ordonnance, cette position les met à l'abri du soleil et des brises auxquelles sont exposées les maisons bâties du *Nord* au *Sud*.

34. D. Comment les Iles-Sœurs regardent-elles M. Poivre ?

R. Les Iles-Sœurs regardent avec raison M. Poivre comme un de leurs plus grands bienfaiteurs, et sa mémoire y est toujours en vénération.

Pierre Poivre naquit à Lyon le 13 août 1719 ; il était fils d'un négociant estimé de cette ville. Dès sa plus tendre enfance il montra beaucoup d'aptitude à toutes les sciences. Il se destinait à embrasser la vie apostolique et à entrer chez les missionnaires de Saint-Joseph qui avaient fait son éducation et qu'il accompagna dans les Indes. Mais notre héroïque jeune homme ayant eu le poignet emporté en prodiguant, sous une grêle de fer, les soins les plus actifs aux blessés qui s'affaissaient sur le pont dans un combat de mer, en vue de Branca, ne put suivre sa première vocation... Il n'en consacra pas moins sa vie tout entière au bonheur de ses semblables.

Apôtre et soldat tout à la fois, Poivre concourait activement à la conversion des Indiens et se battait comme un héros sous les murs de Madras et de Pondichéry. Diplomate et administrateur savant et habile, il ouvrit des relations directes entre la France et la Cochinchine, introduisit la culture des épices dans nos colonies, y rétablit l'ordre et la prospérité. En lui, disent ses biographes, les vertus privées étaient la source des vertus publiques. Il joignait au plus entier désintéressement une équité scrupuleuse, une sollicitude active, empressée, une égalité d'âme inaltérable, une persévérance à toute épreuve... Tant de mérites pourtant ne purent le soustraire à la malveillance ; et au lieu des récompenses et des éloges qu'il méritait, il ne reçut à son retour à la métropole, en 1773, qu'un accueil froid et malveillant... Pourtant Suffren et Turgot, ses amis et ses admirateurs, dissipèrent avec le temps les injustes préventions qui avaient précédé à la cour cet homme de bien... Justice lui fut enfin rendue ; avec des titres de noblesse et le cordon du Saint-Esprit, il reçut une pension de 12,000 francs. Jamais rémunération ne fut mieux placée : instruction, talents, patriotisme, dévouement, probité, mœurs pures, religion éclairée, en un mot il ne manqua à Poivre aucune vertu, et ces vertus ne furent jamais ternies par un instant d'oubli ou d'erreur. Retiré dans une petite terre qu'il possédait près de Lyon, sur les bords de la Saône, Poivre y passa paisiblement le reste de ses jours au sein de sa famille, partageant ses soins entre elle et ses chères études. C'est là qu'il termina son utile et laborieuse carrière le 6 janvier 1786. Le nom de Poivre est resté en vénération aux Iles-Sœurs ; Port-Louis, Saint-Denis et Saint-Paul ont une rue qui porte son nom, et son buste en marbre orne le jardin de l'hôtel du Gouvernement à Saint-Denis.

35. D. En quel état Poivre laissa-t-il la colonie ?

R. Poivre laissa la colonie dans un état de prospérité qui se perpétue jusqu'à nos jours.

La population de la colonie, qui en 1717 n'était que de 900 blancs et de 1,100 esclaves, comptait en 1767 une population blanche et libre de 5,327 personnes et

25,047 noirs; en 1777, la première s'élevait à 6,512 individus et la seconde à 28,427 ; en 1789, l'île avait 61,200 âmes, savoir : 10,000 blancs, 1,200 affranchis et 50,000 esclaves. Les produits de la culture s'étaient augmentés dans une proportion analogue à la population. Indépendamment des grains nourriciers, si négligés aujourd'hui, et qui alors excédaient les besoins de la consommation, Bourbon récoltait en 1789, environ 40,000 balles de café (2 millions de kilogrammes), 50,000 kilogrammes de coton, et fournissait tous les blés nécessaires à l'approvisionnement de l'Ile de France et aux besoins de la navigation. Sous un autre rapport, la colonie se développait aussi : la justice se régularisait, les diverses branches du service public s'organisaient, le *Code Noir* était promulgué, la curatelle aux successions vacantes était établie, un dépôt des chartes coloniales pour la conservation et la sûreté de l'état civil et des titres de propriété des habitants des colonies était fondé en 1776 à Versailles. En 1768, le nombre des paroisses fut porté à huit, et l'institution des fabriques y fut établie. A cette époque, il n'y avait guère encore que les deux tiers de l'île qui fussent occupés. Elle était divisée en cinq quartiers : celui de *Saint-Denis*, qui comprenait Sainte-Marie; celui de *Sainte-Suzanne*, dont faisait partie Saint-André; celui de *Saint-Benoît* s'étendait jusqu'au Brûlé; celui de la rivière d'*Abord*, qui avait pour chef-lieu *Saint-Pierre*, s'étendait de Saint-Louis au Brûlé ; enfin celui de *Saint-Paul*, qui comprenait Saint-Leu. Dans chacune de ces divisions on établit un commandant de quartier dont les fonctions consistaient à faire exécuter ponctuellement les ordres qu'il recevait du gouverneur.

Pendant cette période, le gouvernement de Bourbon passa successivement entre les mains de MM. de Steynaver, qui s'occupa beaucoup de l'agriculture et de la destruction des animaux nuisibles; le vicomte de Souillac, le comte de Saint-Maurice, le baron de Souville, qui organisa le service de la poste aux lettres et fut le premier gouverneur qui fit le tour de l'île, ainsi que le constate une inscription creusée dans la lave près de l'endroit appelé *Baril* ; Élie Dioré et de Cossigny, qui, le 16 août 1790, quitta le gouvernement de Bourbon pour aller prendre celui de l'Ile de France.

36. D. Que fit Louis XVI, informé que les créoles de Bourbon avaient vaillamment combattu dans les guerres de l'Inde?

R. Louis XVI, informé du zèle et du courage que les créoles avaient montrés dans plusieurs combats livrés sur terre et sur mer, créa le corps des *Volontaires de Bourbon*.

Louis XVI voulant procurer aux braves créoles de Bourbon l'occasion de signaler leur courage et leur patriotisme, créa, le 1er avril 1772, le corps des *Volontaires de Bourbon*, composé de deux compagnies de chacune 106 hommes. Généralement robustes, grands et bien faits, les volontaires étaient d'une adresse admirable à diriger une balle; accoutumés à poursuivre les chèvres sauvages sur les crêtes des montagnes, ils supportaient aisément la fatigue. Simples dans leurs manières, labourant la terre ou maniant le fusil, l'agriculture et les armes faisaient tour à tour l'occupation de leur existence.

Les hostilités entre la France et l'Angleterre ayant recommencé en 1781, ce corps se signala en plusieurs rencontres, et particulièrement en celle-ci :

Les *Volontaires de Bourbon*, au nombre de 174, s'étaient embarqués sur la gabare les *Bons-Amis*, capitaine Granière. Elle est chassée et atteinte par la frégate anglaise le *Sea-Horse*. Le combat s'engage. Après la première bordée, M. Granière, qui se voit trop inférieur en forces, veut amener son pavillon. Le brave capitaine de Montvert, qui commandait les volontaires de Bourbon, saute aussitôt à la drisse, le pistolet à la main : « Je brûle la cervelle, s'écrie-t-il, à celui qui touche à cette drisse. » Ce trait original de courage étonne M. Granière, qui retire l'ordre d'amener, qu'il avait donné. Montvert place ses volontaires sur les passavants, leur ordonne de viser aux canonniers qui se tenaient hors du vaisseau en chargeant leurs pièces, comme cela se pratiquait alors, et de faire feu par les sabords sur les officiers qui étaient sur le pont et sur tout homme montant dans les cordages. Cet ordre est exécuté avec promptitude et sang-froid. Le combat devient meurtrier. Les volontaires de Bourbon, dont tous les coups partaient juste, voyaient tomber capitaine, officiers, matelots sur la frégate ennemie, dont le feu s'éteignit bientôt, et qui lâcha prise. La gabare française continua sa route et arriva dans l'Inde, où de nouveaux lauriers attendaient ces intrépides et valeureux créoles.

Si leurs descendants ont moins d'occasions de se signaler, ils n'en seraient pas moins dignes de leurs pères au besoin. Témoins, ces braves créoles qui ont représenté l'île Bourbon dans nos dernières guerres de

Crimée et d'Italie, témoin surtout cet enfant de Saint-Denis (1) qui obtint l'épaulette d'or à la prise de Sébastopol, ayant eu l'honneur de faire partie de la première colonne d'assaut à la tour de Malakoff.

CHAPITRE IV. — De 1789 à 1815.

Révolution française. Ses effets à Bourbon, qui prend le nom d'île de la Réunion. — Assemblée coloniale. — Paix d'Amiens. — Général Decaen. — La colonie tombe au pouvoir des Anglais. — Domination anglaise. — Une révolte d'esclaves à Saint-Leu.

37. *D.* Quel grand événement signala l'année 1789 ?

R. L'année 1789 fut signalée par le commencement de la révolution française dont les effets se firent vivement sentir à Bourbon, qui pourtant fut préservée d'une partie des excès qui affligèrent la mère-patrie.

C'est sous le gouvernement de M. de Cossigny que la nouvelle de la révolution française parvint à Bourbon. La République y fut proclamée le 16 février 1793 ; le 9 avril 1794, la colonie prit le nom d'*île de la Réunion*. Comme la mère-patrie, la colonie eut ses jours de trouble et d'orages. Pourtant la sagesse et la fermeté des mesures prises par l'assemblée coloniale, et le bon esprit qui ne cessa de régner dans la masse de la population, préservèrent la colonie des excès qui en-

(1) M. Camille Delval.

sanglantèrent la France. Dieu ne permit pas que le sol de l'île de la Réunion fût rougi du sang de ses enfants. Il est aussi à remarquer que, dans les jours de la révolution, jamais le culte divin ne fut interrompu dans la colonie; ses autels restèrent debout, ses églises ne furent pas fermées et ses missionnaires purent continuer leur saint ministère.

38. *D.* Quels furent les deux actes les plus importants de l'assemblée coloniale?

R. Les deux actes les plus importants de l'assemblée coloniale furent, en 1793, la déposition du gouverneur Duplessis, et en 1799 la déportation d'un certain nombre d'habitants.

Le navire qui transportait ces malheureux aux Seychelles fut attaqué par une frégate anglaise et coulé bas; presque tous les déportés, ainsi que les homme de l'équipage, furent tués ou noyés.

L'assemblée coloniale était, pour ainsi dire, souveraine, ne laissant guère à MM. de Clermont, Duplessis, Roubaud et Jacob, qui se succédèrent au gouvernement de la colonie, que le soin de sanctionner ses actes. Elle entra dans un système d'amélioration dont elle ne se départit point : elle refondit la législation du pays, institua les municipalités, établit les registres de l'état civil, organisa les services judiciaires, le jury, les justices de paix, etc. Grâce à ses efforts, la colonie, à cette époque critique, sans finances, privée de l'appui de la métropole, entourée d'ennemis extérieurs, parvint à se suffire et à s'administrer pendant près de treize ans. Menacée par le pavillon anglais, soumise à des privations de tous genres, la colonie garda une fidélité inviolable aux couleurs nationales et employa tous ses efforts, toutes ses ressources pour rester française... Aussi les préliminaires de la paix avec l'Angleterre (1800) furent-ils accueillis avec enthousiasme par les colons, et leur joie portée à son comble à l'annonce de la paix d'Amiens... Pour terminer cette période, ajoutons que le 4 février 1794 l'assemblée constituante avait prononcé l'abolition de l'esclavage dans les colonies françaises : l'idée était bonne, mais prématurée; aussi les citoyens Bacot et Burnel, envoyés par la République pour publier et faire exécuter ce décret aux îles de France et de la Réunion, n'y purent remplir leur mission, et l'esclavage fut maintenu.

39. *D.* Quelles furent pour la colonie les suites de la paix d'Amiens?

R. La paix d'Amiens permit au gouvernement français de rétablir son autorité sur les îles de France et de la Réunion.

A la suite de la paix d'Amiens, le général Decaen fut nommé, par le premier consul, *capitaine général* des établissements français au delà du cap de Bonne-Espérance, et il arriva au Port-Louis, en cette qualité, le 25 septembre 1803; peu après, le général Magallon de la Morlière vint prendre le gouvernement de l'île de la Réunion, accompagné d'un sous-préfet colonial, M. Marchant. A l'arrivée de ces administrateurs, l'assemblée coloniale et ses divers agents cessèrent aussitôt, et sans réclamations, leurs fonctions, et le nouvel ordre de choses fut accepté avec empressement. Malheureusement la paix d'Amiens n'eut qu'une très-courte durée, et la guerre se ranima, plus terrible que jamais.

40. *D.* Quel fut l'état de la colonie sous le général Decaen ?

R. La colonie prospéra d'abord sous le généra Decaen ; mais bientôt vinrent les mauvais jours pendant lesquels l'île tomba au pouvoir des Anglais.

Sous cette nouvelle administration, la prospérité publique, favorisée d'ailleurs par la clémence des saisons, n'éprouva d'abord aucune interruption : les prises des corsaires, ainsi que l'admission des bâtiments étrangers, contribuèrent à enrichir la colonie, qui, en 1806, prit le nom d'*île Bonaparte*. L'agriculture à cette époque était dans l'état le plus florissant. Bourbon offrait le tableau des cultures les plus variées. De riches plantations de café, de girofle, de cacao, de blé, de maïs s'étendaient du bord de la mer au penchant des montagnes, mais les ouragans de 1806 et 1807 firent d'épouvantables ravages sur terre et sur mer, et mirent la famine dans le pays ; par suite de la guerre maritime, les croisières se multiplièrent, et toute communication au dehors fut interceptée, même avec l'Ile de France. Dans cette situation, l'île Bonaparte éprouvait des besoins et des privations de toute espèce. C'est dans cet état désespéré que la colonie fut surprise par l'invasion étrangère.

41. *D.* Quels tristes événements signalèrent l'année 1809 ?

R. Les Anglais ayant échoué dans leurs tentatives de débarquement à Sainte-Rose furent plus heureux à Saint-Paul, qu'ils surprirent le 21 septembre 1809.

Repoussés énergiquement à Sainte-Rose, les Anglais rallièrent leurs forces, et leur division, sous les ordres du commodore Roweley, composée d'un vaisseau, de cinq frégates et de trois corvettes, se présenta le 21 septembre à Saint-Paul, s'y empara de trois navires, et ayant opéré, par surprise, un débarquement nocturne dans les environs de la ville, il s'en rendit maître. Mais avant le soir les Anglais s'étaient rembarqués après avoir pillé les magasins de l'État, encombrés de riches prises récemment faites, et y avoir mis le feu.... Le général des Brulys, qui gouvernait alors la colonie, n'eut pas le courage de survivre à ce revers, et se donna la mort.... Après ce coup de main, la division anglaise continua à croiser encore quelques jours devant la rade, mais voyant l'attitude prise à terre, elle gagna le large.

42. D. En quelle année la colonie tomba-t-elle au pouvoir des Anglais?

R. C'est le 8 juillet 1810, après une héroïque résistance et une honorable capitulation, que la colonie tomba au pouvoir des Anglais, qui lui rendirent son ancien nom d'île Bourbon.

La résistance que les Anglais avaient essuyée de la part des habitants, toutes les fois qu'ils avaient tenté de prendre terre, leur fit juger qu'ils ne pourraient faire la conquête de l'île que par une escadre considérable. C'est ce qui fut résolu par le gouverneur général de l'Inde. Le 6 juillet 1810, les Anglais se présentèrent donc à l'île Bonaparte avec vingt et quelques navires. Les troupes de débarquement étaient composées de 1,800 Européens et de 1,850 cipayes ; elles étaient sous les ordres du lieutenant-colonel Keating ; l'escadre dite de blocus ; était commandée par le commodore Roweley. Les Anglais, débarqués à la Grande-Chaloupe et à la Rivière des Pluies, marchèrent directement sur Saint-Denis, capitale de l'île et point de mire de l'attaque, et l'eurent bientôt cernée. Les gardes nationales se trouvèrent coupées et l'on ne put opposer à l'ennemi que 3 ou 400 hommes, dont 80 soldats de la garnison.... Pourtant la défense fut intrépide et soutenue avec courage ; les Anglais trouvèrent partout de la résistance, et le tombeau élevé à cette époque, et qui se voit encore au milieu de la plaine de la Redoute, atteste ses pertes. Plusieurs des valeureux défenseurs de l'île payèrent aussi de leur sang et de leur vie leur héroïque dévouement : entre autres un jeune officier de haute espérance, M. Amédée Patu de Rosoment, âgé de moins de vingt ans, tué au moment où il criait encore : « En avant, chasseurs, en avant !... » Un monument destiné à conserver la mémoire des braves qui, dans cette triste journée, trouvèrent une mort glorieuse, vient de s'élever sur la butte qui domine l'entrée de la plaine de la *Redoute*. Mais la valeur fut écrasée par le nombre, et le 8 juillet 1810 une honorable capitulation fit passer la colonie sous la domination britannique. Les honneurs de la guerre furent accordés aux défenseurs de l'île, et les lois, coutumes et religion des habitants furent garanties...

La colonie reprit le nom d'île Bourbon. Sir Farquhar

en fut nommé gouverneur, et le colonel Keating, lieutenant-gouverneur. — Après la perte de Bourbon, le courage français sut encore préserver du même sort l'Ile de France pendant cinq mois entiers... Mais enfin le 10 décembre, le vaisseau anglais *Lord-Minto* arriva de l'Ile de France annonçant la prise de cette colonie, qu'une capitulation honorable conclue après une héroïque défense, avait abandonnée à l'Angleterre. Cette triste nouvelle, accueillie avec joie par les autorités britanniques, jeta la consternation parmi les habitants de Bourbon, dont le cœur toujours français souffrait impatiemment la domination étrangère..... Les iles-sœurs, après avoir ainsi rivalisé de courage et de patriotisme, avaient en même temps fourni aux marins qui les protégeaient l'occasion des plus beaux triomphes militaires, et ce fut dans leurs parages que s'immortalisèrent les hommes de mer les plus renommés de notre siècle : Duperré, Roussin, Hamelin, L'Hermite, etc.; l'intrépide Surcauf, et Bouvet, le héros du Grand-Port, créole de l'île Bourbon.

43. D. Quelle fut la situation de la colonie sous la domination anglaise?

R. La colonie resta à peu près stationnaire sous l'administration anglaise, qui sembla peu se préoccuper de l'avenir d'une possession qu'elle s'attendait à restituer tôt ou tard à la France.

Les autorités anglaises conservèrent en grande partie l'ordre des choses établies; leur administration fut généralement assez douce et modérée, mais pas assez vigilante, ce qui, avec le désarmement des colons, occasionna une révolte d'esclaves à Saint-Leu. Ce complot éclata au commencement du mois de novembre 1811; heureusement l'existence en fut dévoilée par le cafre Figaro, qui, en récompense de sa belle conduite, reçut avec la liberté une pension annuelle et un terrain à Saint-Joseph. Les habitants désarmés et livrés à leur propre ressource prirent immédiatement des mesures pour réprimer la rébellion, mais elle eut le temps néanmoins de commettre des crimes affreux. Partout où passait cette bande de révoltés, les maisons étaient enfoncées, les magasins pillés ; les désordres, les assassinats commis avec une horrible barbarie... Au milieu de ces actes de cruauté, il fut consolant de voir le dévouement d'un grand nombre d'esclaves qui, restés fidèles, exposèrent leur vie pour sauver leurs maîtres ; on cite en particulier le commandeur de M. Pierre Hibon : à l'approche des révoltés, cet homme de cœur dit à son maître : « Ne craignez rien, rentrez chez vous, nous vous défendrons ; nous savons bien que quand ces scélérats auront tué les blancs, ils tueront aussi les bons noirs. »

M. Hibon aurait bien voulu partager le péril, mais son commandeur s'y opposa, le fit rentrer presque de force, l'enferma et, rangeant sa troupe en bataille devant la maison, il attendit de pied ferme, les assaillants. Leur nombre bien supérieur, leurs cris, leurs menaces ne purent intimider la bande fidèle. Elle s'élança sur les révoltés, armés de pioches, de sagaïes, d'*acalous*, et après un combat sanglant, ces derniers furent obligés de battre en retraite, laissant sur la place plusieurs morts et plusieurs prisonniers... Grâce au courage des habitants et au dévouement des esclaves restés fidèles, l'insurrection était déjà arrêtée et vaincue, lorsqu'un lieutenant anglais arriva à Saint-Leu avec un détachement de trente soldats. Les rebelles arrêtés à l'occasion de ce complot furent livrés à la justice ; elle prononça, le 11 février 1812, la peine capitale contre trente accusés et la chaîne contre quelques autres. M. Fougeroux, ancien militaire, qui s'était particulièrement signalé dans la poursuite des révoltés, reçut, en 1816, une distinction flatteuse du ministre de la marine.

Pendant la tourmente révolutionnaire, le service divin ne fut point interrompu dans les églises de la colonie ; mais sous la domination anglaise, on eut la douleur de voir transformer celle de Saint-Denis en cour judiciaire, à l'occasion de la révolte des esclaves de Saint-Leu. Cependant, au moment où, le 11 février 1812, la justice des hommes s'apprêtait à prononcer sa sentence, tout à coup le feu du ciel sillonna la nue, traversa l'église d'un bout à l'autre et se dégagea avec fracas sur son péristyle. Le fluide électrique, dans la rapidité de sa course vengeresse, pénétra dans la demeure d'un des magistrats et y pulvérisa sa femme et sa belle-sœur. Il était une heure de l'après-midi, par un temps magnifique, quand le sinistre arriva.

CHAPITRE V. — De 1815 à 1830.

La France reprend possession de Bourbon. — Paix et prospérité de la colonie. — Culture de la canne à sucre. — De nouveaux Missionnaires, des Frères des Écoles chrétiennes, des Sœurs de Saint-Joseph de Cluny, sont envoyés à Bourbon. — Service religieux. — M. Pastre, son catéchisme. — M. Minot. — M. de Solages, son martyre. — Ecoles primaires. — Collège royal. — Abolition de la traite. — Première invasion du choléra. — M. Betting de Lancastel, premier directeur de l'intérieur. — Sinistre de 1829.

44. *D.* En quelle année l'île Bourbon fut-elle rendue à la France?

R. L'île Bourbon fut rendue à la France par le traité de paix, signé à Paris le 30 mai 1814, mais la reprise de possession n'eut lieu que le 6 avril 1815.

A la suite des événements qui avaient bouleversé la face du monde politique en Europe, l'île Bourbon et les établissements français de Madagascar furent restitués à la France. Une division, sous les ordres du capitaine de vaisseau Jurien, composée de la frégate l'*Africaine*, et des flûtes la *Loire*, la *Salamandre* et l'*Éléphant*, fut chargée de porter le personnel de l'administration française à Bourbon ; à sa tête se trouvait le comte Bouvet de Lozier, maréchal-de-camp, commandant pour le roi, et M. Marchant, commissaire ordonnateur.

La division arriva à Bourbon dans les premiers jours d'avril 1815, mais ce ne fut que le 6 du même mois que les commissaires anglais, au nom de Georges III, leur souverain, remirent la colonie aux commissaires nommés par Louis XVIII.

Cette reprise de possession fut faite avec solennité sur la place d'armes de Saint-Denis, où les troupes françaises et anglaises s'étaient rangées en bataille. Au centre, étaient les commissaires et les officiers; un grand nombre d'habitants s'étaient rendus sur la place pour être spectateurs de cette cérémonie. Le major William Carrol, ayant proclamé la remise de l'île Bourbon à la France, le pavillon de Sa Majesté Britannique fut amené, et immédiatement le pavillon français fut arboré aux acclamations réitérées de : Vive le roi!... L'un et l'autre pavillon furent salués par les batteries de terre et par les bâtiments en rade qui s'étaient pavoisés. Un *Te Deum* fut chanté, et le soir il y eut illumination au jardin public. Pendant l'occupation anglaise, les sieurs Farquhar, Fraser, Keating, gouvernèrent successivement Bourbon.

45. *D.* La rétrocession de Bourbon à la France fut-elle avantageuse à la colonie ?

R. La rétrocession de Bourbon à la France devint très-avantageuse à la colonie, qui dès lors fut en rapport direct avec la mère-patrie.

Privée d'un port, l'île Bourbon, de suzeraine était devenue vassale de l'Ile de France; mais le traité de Paris (1814) ayant, aux grands regrets des colons des deux îles, abandonné Maurice à la Grande-Bretagne, Bourbon cessa d'être sous la dépendance de l'île-sœur, ce qui contribua beaucoup à son développement et lui donna une plus grande importance.

46. *D. 46.* Quelle fut la situation de la colonie sous la Restauration ?

R. Sous la Restauration, la colonie vit croître d'année en année sa prospérité agricole et commerciale et prit une véritable importance maritime.

La paix un peu troublée à la nouvelle (12 juillet 1815) du retour de Napoléon en France, fut bientôt rétablie par l'annonce de la prompte rentrée de Louis XVIII à Paris.

Lors de la reprise de possession, la totalité des terres cultivées dans la colonie s'y élevait à environ 50,000 hectares, plantées en céréales, vivres du pays, caféiers girofliers et cacaoyers...La culture de la canne à sucre, si négligée jusqu'alors, fit de rapides progrès. Pour la première fois, en 1815, le père de l'industrie sucrière à Bourbon, l'honorable M. Charles Desbassayns, exporta 48 milliers de sucre. En 1860, cette denrée coloniale en a donné un produit de 70 millions de kilogrammes.

47. *D.* Que fit-on pendant ces années de paix et de prospérité ?

R. Pendant ces années de paix et de prospérité, on s'occupa aussi plus spécialement à réorganiser le service religieux de la colonie, et en conséquence de nouveaux Missionnaires y furent envoyés.

Dès le 16 août 1814, M. Bouvet de Lozier, nommé gouverneur de l'île Bourbon, s'était adressé à Mgr l'archevêque de Reims, grand aumônier de France, pour avoir six Prêtres lazaristes, dix Frères des écoles chrétiennes et huit Filles de la Charité, qu'il se proposait d'amener avec lui comme gage de l'intérêt que le roi portait à la colonie. Le supérieur de *Saint-Lazare* n'ayant pu donner les Missionnaires et les Sœurs demandés, appel fut fait au clergé séculier, dont les rangs étaient peu fournis aussi ; ce ne fut qu'au commencement de 1817 que s'embarquèrent à Rochefort, sur le navire de guerre le *Golo*, cinq Missionnaires et six Frères des écoles chrétiennes. Les abbés Pastre et Minot, dont la mémoire est encore en vénération dans la colonie, ainsi que les frères Bénézet et Adrien qui y ont laissé de si bons souvenirs, faisaient partie de cet envoi qui débarqua à Saint-Denis le 18 mai 1817, fête de la Pentecôte. Les Sœurs de Saint-Joseph de Cluny arrivèrent peu après, ayant à leur tête la sœur Marie-Joseph, qui fut si aimée et si vénérée à Saint-Paul, d'où les Sœurs se sont répandues dans toute l'ile, dans l'Inde, à Madagascar et aux Seychelles. C'était la première fondation d'outre-mer de cette Congrégation naissante, et elle était due à un créole aussi généreux que distingué, M. de Richemont Desbassayns, qui avait employé aussi son zèle et son influence pour doter la colonie des disciples du vénérable de La Salle.

Si, comme nous l'avons vu, le service religieux ne fut point interrompu dans la colonie pendant la tourmente révolutionnaire, il n'y fut pas moins en souffrance ; plusieurs de ses Missionnaires étaient morts d'infirmités ou de vieillesse et n'étaient pas remplacés. Aussi M. Pastre écrivait peu de temps après son arrivée à Bourbon : « .... La Providence a fait une grande grâce à cette colonie en lui envoyant la réserve dont je suis la plus petite partie. Cinq Missionnaires français, animés de zèle et pleins de santé, c'est sans doute beaucoup. Mais qu'est-ce que c'est en comparaison des besoins ? De tous les anciens prêtres que nous avons trouvés en arrivant, deux seulement, trois au plus, peuvent nous être de quelque utilité. Les autres cinq accablés par l'âge ou les infirmités auraient besoin des *Invalides....* » Le ministère ecclésiastique était réduit à quelques offices de paroisse et à la visite des malades; les églises et les presbytères étaient généralement en mauvais état. Quelques paroisses même en étaient dépourvues. Dans ce manque de prêtres et ce petit nombre d'églises, on le comprend, la population blanche devait être bien en retard sous le rapport religieux. Quant aux esclaves, la plupart n'étaient pas baptisés, le mariage leur était pour ainsi dire inconnu. Malheureusement pour la régénération religieuse du pays, la pénurie de Missionnaires se fit sentir longtemps encore, et su un état officiel de 1837, on ne trouve que quinze prêtres (1), mais depuis 1840 le personnel du clergé

(1) Voici leurs noms :
Saint-Denis. P. Poncelet, préfet apostolique; Colin, curé; Dalmond et Preteceille, vicaires;
Saint-Paul. — MM. Tarroux, curé; de Villers, vicaire;
Saint-Leu. — Lombardy, curé;
Sainte-Marie. — Philippe, curé.
Sainte-Suzanne. — Minguet, curé;
Saint-André. — Salmon, curé;
Saint-Benoît. — Bertran, curé;
Sainte-Rose. — Gauter, curé;
Saint-Louis. — Mathieu, curé;
Saint-Pierre. — Simon, curé;
Saint-Joseph. — Tiphaine, curé;
Saint-Philippe. — N.....
Nous avons entendu raconter à celui de ces missionnaires qui seul resta dans la colonie où il exerça le saint ministère depuis 1830 que dans ses premières années d'apostolat à Bourbon il lui est

colonial a toujours été en augmentant; en 1844, il était déjà double; à l'arrivée de Mgr Desprez, on comptait une cinquantaine de prêtres employés dans la colonie, et aujourd'hui c'est une centaine qui y travaillent avec zèle et succès à procurer la gloire de Dieu, le salut des âmes et le bonheur de la population.

Jeunes et ardents, les nouveaux Missionnaires se mirent de tout cœur à l'œuvre, et comme ils n'étaient pas assez nombreux pour occuper toutes les paroisses, ils allaient de temps en temps faire de petites missions dans les localités privées de pasteur; les colons se rappellent ces courses apostoliques et en particulier celles du vénérable abbé Pastre, curé de Saint-Paul d'abord, puis préfet apostolique, et celles du bon M. Minot, curé de Saint-André, où il est mort en 1857, chargé d'années et de mérites et entouré de l'estime et de la vénération de la colonie entière.

Vers le milieu de 1818, Mgr Perrochau, nouvellement consacré dans l'église des Missions étrangères, évêque *in partibus* de Maxula, s'arrêta quelque temps à Bourbon en se rendant en Chine. Les Missionnaires profitèrent du séjour du vénérable prélat pour lui faire visiter la colonie et administrer la confirmation à beaucoup de personnes qui n'avaient pas reçu ce sacrement, et on a conservé, à Saint-Joseph, le souvenir d'un événement extraordinaire qui arriva pendant une de ces cérémonies et qui rappela à tous un de ces prodiges qui étaient si fréquents dans la primitive Église lorsque les apôtres imposaient les mains aux premiers chrétiens.

arrivé bien des fois, le dimanche, après avoir dit une messe basse à la Possession, chanté la grand'Messe à Saint-Paul, d'aller faire ensuite le catéchisme et chanter les Vêpres à Saint-Leu.

Avant de quitter Bourbon, l'évêque missionnaire (1), émerveillé de tout ce qu'il avait vu et entendu, écrivit au cardinal Somaglia pour lui faire part de la prospérité religieuse de la Mission de Bourbon. Son Eminence s'empressa de mettre cette lettre sous les yeux de S. S. Pie VII, qui en témoigna publiquement sa vive satisfaction. Quelque temps après le Saint-Père, pour compléter l'administration spirituelle de la colonie, lui donna un préfet apostolique; le choix du Saint-Siége apostolique tomba sur M. Pastre, qui reçut les lettres pontificales dans le courant de l'année 1822. Toute l'île applaudit à cette nomination, et le gouverneur, M. le baron de Freycinet, qui avait su apprécier les rares qualités du zélé Missionnaire, s'en félicita plus que personne.

Depuis 1772, les préfets apostoliques des îles-sœurs résidaient à l'Ile de France et étaient représentés à Bourbon par un vice-préfet, et lorsque *Maurice* eut été abandonné à l'Angleterre, un des Missionnaires de Bourbon remplissait les fonctions de supérieur ecclésiastique pour la colonie.

48. *D.* Que fit M. Pastre pour régulariser et répandre l'enseignement religieux dans la colonie?

R. M. Pastre, pour régulariser et répandre l'enseignement religieux dans la colonie, composa un excellent catéchisme.

A l'époque où M. Pastre fut nommé préfet apostolique, il existait à Bourbon autant de catéchismes dif-

---

(1) Mgr Perrochau, vicaire apostolique du Su-Tchuen occidental, vient de mourir en Chine, en odeur de sainteté, après un épiscopat de 44 ans.

férents que de Missionnaires, chacun d'eux enseignant celui qu'il avait appris dans son enfance. De là point d'unité dans l'enseignement élémentaire de la religion et bien d'autres inconvénients. Le zélé préfet le comprit et mit tous ses soins à rédiger un catéchisme spécial pour l'île Bourbon. Le travail de M. Pastre répondit parfaitement au besoin de son cher troupeau, car son catéchisme est clair, précis et méthodique; aussi reçut-il l'approbation de la *sacrée propagande,* et celle du vénérable Mgr de Quelen, archevêque de Paris. Plus tard, en 1835, M. Fourdinier, supérieur du séminaire colonial du Saint-Esprit, ajouta quelques pratiques à la fin de chaque article, y fit quelques légères modifications, et, sur la recommandation du cardinal Pedicini, préfet de la propagande, l'ouvrage de M. Pastre devint le catéchisme de toutes les colonies françaises. Il a été suivi à Bourbon jusqu'au 1er octobre 1852, époque à laquelle M. Desprez prescrivit celui qu'il venait de publier pour son diocèse. A ce propos rappelons cette parole du premier évêque de Saint-Denis : « Le catéchisme! Nul livre ne contient plus de science, et tous les livres de religion, de législation et de morale ne sont que le développement de celui-ci. Il est à la fois le livre du savant par sa profondeur, le livre de l'ignorant par sa clarté, le livre du peuple par la simplicité de sa méthode..... Vulgaire en apparence, le catéchisme n'en est pas moins le code complet des droits et des devoirs du chrétien... »

Les besoins religieux de la colonie allaient toujours croissant; M. Pastre se décida alors à repasser en Europe pour y faire entendre son cri de détresse et en amener de nouveaux ouvriers évangéliques. Il quitta donc la colonie en 1828, mais la traversée fut pénible, et sa santé en fut si altérée que le bon préfet dut lui-même rester en France. Nommé chanoine de l'église primatiale de Jean, de Lyon, il y termina saintement sa carrière le 15 mai 1839. Ses vertus étaient si éminentes que ses confrères l'avaient surnommé : « L'Ange du Chapitre de Lyon (1). » Dès 1831, il avait été remplacé à Bourbon, comme préfet apostolique, par M. de Solages, qui, ayant tenté de pénétrer à Madagascar, fut pris à Andarouvante, renfermé dans une case où, par ordre de la reine des Hovas, on le laissa mourir de faim. C'est le 8 décembre 1832 que cet intrépide apôtre, qui à de grands talents joignait une grande sainteté, cueillit ainsi la palme du martyre.

48. *D.* Que fit-on, à la même époque, pour assurer l'avenir moral et religieux de la colonie ?

R. Pour compléter l'avenir moral et religieux de la colonie, on s'efforça de répandre et de généraliser le bienfait de l'éducation publique en faveur des enfants libres des deux sexes. Quant aux esclaves, ils ne purent participer aux bienfaits des écoles qu'après l'émancipation.

Après la fermeture du collége des Lazaristes en 1770, l'éducation des jeunes créoles fut fort négligée, et la colonie n'eut plus que quelques petites écoles tenues par d'anciens militaires ; les familles qui voulaient procurer une éducation plus soignée à leurs enfants devaient les envoyer en France, ce qui, pendant les guerres maritimes, devenait presque impossible. Un

(1) Voir la notice sur M. Pastre (*Almanach religieux de* 1864).

collége national, établi en 1794, n'eut qu'une existence éphémère. En 1803, le général Decaen organisa, pour les *îles-sœurs*, un lycée à Port-Louis, mais les jeunes créoles de Bourbon ne purent guère en profiter que jusqu'en 1815. En 1812, un homme pieux, intelligent et dévoué, le respectable M. Galet, dont la mort, il y a quelques années, excita des regrets si universels, ouvrit une maison d'éducation à Saint-Denis; elle eut un brillant succès et fut plus tard érigée en succursale du Collége royal. En 1817, comme on l'a déjà dit, les Frères des Écoles chrétiennes et les Sœurs de Saint-Joseph de Cluny ouvrirent leurs premières Écoles pour donner gratuitement l'instruction primaire aux jeunes créoles des deux sexes; enfin, pour compléter l'œuvre si importante de l'instruction publique à Bourbon, en 1818, le baron Millius, gouverneur de la colonie, puissamment secondé par le colonel Maingard et M. Rabany, fonda le Collége royal, portant aujourd'hui le nom de Lycée impérial. L'élan était donné, et actuellement, sous ce rapport, plus d'un département de la France est moins favorisé que l'île Bourbon.

49. D. En quelle année la traite des noirs fut-elle prohibée?

R. La traite des noirs fut formellement prohibée le 5 janvier 1817, par une ordonnance royale convertie en loi en 1818.

L'ordonnance de Louis XVIII, qui abolissait la traite des noirs, punissait de l'interdiction et de la confiscation de son navire, le capitaine qui tenterait d'introduire des noirs de traite dans nos colonies. Cette ordonnance fut promulguée à Bourbon le 26 juillet 1817. A partir de ce moment, ce commerce honteux, repoussé par la morale et la religion, cessa dans la colonie, et si l'on introduisit encore quelques esclaves, ce fut clandestinement.

50. *D.* Quel triste événement signala le commencement de l'année 1820?

R. Le commencement de l'année 1820 fut signalé par la première apparition du choléra, qui vint jeter l'effroi dans la population de la colonie.

Ce fut le 25 janvier 1820 que parut, pour la première fois, le choléra asiatique, qui régnait depuis peu à l'île Maurice et à Madagascar. Le mal se concentra d'abord dans la ville de Saint-Denis et y fit de nombreuses victimes, surtout au sein de la population noire. Les habitants de la cité, saisis d'épouvante, s'enfuirent précipitamment de la ville. Des lazarets, des hôpitaux se formèrent, des cordons sanitaires s'établirent, les communications furent interceptées avec les lieux infectés; mais l'épidémie poursuivit inexorablement son cours et ne s'arrêta qu'au mois de mai.

51. *D.* A qui fut confiée, en 1825, l'administration intérieure de la colonie?

R. L'administration intérieure de la colonie fut confiée, en 1825, à un directeur de l'intérieur.

Une loi de 1825 revisa la forme du gouvernement colonial; en conséquence, un directeur de l'intérieur fut chargé de l'administration intérieure de la colonie Le premier qui remplit ce poste à Bourbon fut M. Betting de Lancastel, qui entra en fonctions en 1825. Il imprima une vive et intelligente impulsion aux travaux publics, et c'est à sa patriotique inspiration qu'au mois de mars 1827 on s'occupa activement d'ouvrir une route carrossable autour de l'île. Vers cette époque, plusieurs canaux de dérivation furent aussi entrepris et aujourd'hui ils portent le bien-être et la fertilité dans les lieux qu'ils arrosent.

52. *D.* Quel sinistre événement vint signaler l'année 1829?

R. L'année 1829 fut signalée par une terrible catastrophe atmosphérique qui vint interrompre la période de prospérité qu'on venait de passer. Outre les dommages qu'en éprouvèrent les habitants, vingt-deux navires périrent sur les côtes ou disparurent dans les flots.

La colonie était encore sous le poids de ce malheur lorsque les événements politiques qui venaient de précipiter Charles X du trône et proclamer Louis-Philippe d'Orléans, roi des Français, vinrent à leur tour jeter le trouble dans ses affaires. L'île était alors gouvernée par le capitaine de vaisseau du Valdailly, qui fut remplacé le 9 novembre 1832, par le contre-amiral Cuvillier. De 1817 à 1830, la colonie avait eu pour gouverneurs : le maréchal-de-camp de Lafitte de Courteil et les capitaines de vaisseau : baron de Millius, de Freycinet et le comte de Cheffontaines. La plus féconde de ces administrations fut celle du baron Millius, qui montra autant d'intelligence que de science pratique : il établit un parc d'artillerie, réorganisa le service des pompes à incendie, établit la caisse de réserve, prit des mesures pour l'alimentation publique, etc.

CHAPITRE VI. — De 1830 à 1848.

Révolution de 1830. — Ses conséquences pour Bourbon. — M. Dalmond, son zèle; il meurt à Madagascar. — Mgr Poncelet, progrès religieux. — Nossi-Bé, Mayotte et Sainte-Marie de Madagascar, dépendances de Bourbon. — Affaires de Tamatave. — Patronage des esclaves. — Le père des noirs.

53. *D.* Quand le drapeau tricolore fut-il de nouveau arboré à Saint-Denis?

R. Le drapeau tricolore, redevenu celui de la France, fut arboré à Saint-Denis le 30 octobre 1830.

La nouvelle de la révolution de juillet 1830, le changement de dynastie qui en fut la suite, et le retard mis à arborer dans l'île le drapeau tricolore, excitèrent dans la ville de Saint-Denis quelques troubles qui n'eurent pourtant pas une influence sensible sur la tranquillité publique.

54. *D.* Quelle fut, pour la colonie, la première conséquence de la révolution de juillet?

R. La première conséquence de la révolution de juillet, pour la colonie, fut la proclamation de l'égalité civile entre les diverses classes de la population libre.

Ce fut le prélude de l'égalité politique qui, peu après, fit entrer *les libres* ou *affranchis* en possession de tous es droits de citoyens français.

En 1833, le conseil général, créé l'année précédente par le gouverneur du Valdailly, fit place au conseil colonial, supprimé à son tour en 1848, et remplacé seulement en 1855 par un nouveau conseil général.

55. D. Par qui fut remplacé définitivement M. de Solages ?

R. M. de Solages fut remplacé par M. Poucelet, ancien missionnaire de France. Il arriva à Bourbon en 1835, et en fut le dernier des préfets apostoliques.

Avant de partir pour Madagascar, M. de Solages chargea l'abbé Dalmond (1) de le remplacer dans la colonie,

(1) C'est pendant que M. Dalmond était à Saint-Paul qu'arriva dans cette ville un scandale dont les plus anciens paroissiens ne se souviennent qu'avec horreur. Car enfin, la colonie n'est pas parfaite sans doute, mais nous soutenons qu'il y a peu d'endroits au monde où la crainte de Dieu se soit plus enracinée dans les cœurs. A la suite d'un jubilé, prêché à Saint-Paul en 1828, une croix avait été plantée sur la place de l'église. C'était un digne couronnement et un touchant mémorial de ce temps de grâce et de bénédiction. Les habitants de Saint-Paul entouraient de vénération ce signe adorable de notre salut. Mais voilà que, tout à coup, en 1834, quatre libertins, dont le cerveau sans doute avait été troublé autant par les fumées des liqueurs enivrantes que par le récit apporté par les feuilles publiques, du sac de l'archevêché de Paris et de Saint-Germain-l'Auxerrois, veulent, eux aussi, se signaler par un sacrilège complot : celui d'abattre, pendant la nuit, la croix du jubilé de leur paroisse. Ils l'exécutent. En apprenant cet attentat, M. Dalmond tombe dans une morne stupeur. « Ah ! les malheureux ! s'écrie-t-il ; Dieu ne laisse pas le sacrilège » impuni ; ils ne savent donc pas ce qui les attend ? » Quelquefois, il est vrai, la justice de Dieu, qui a l'éternité à son service, ne se presse pas pour punir. Elle semble, comme dit le poëte latin, poursuivre le coupable d'un pied boiteux. Mais quelquefois aussi elle frappe comme la foudre. M. Dalmond prophétisait. Peu après, en effet, l'un faisait naufrage sur les côtes de Manille et tombait sous le fer d'un assassin. Un autre, repris de justice, mourait en prison, et nul n'osa accompagner sa triste bière à sa dernière demeure. Le troisième tomba dans la plus déplorable im-

avec le titre de vice-préfet apostolique, qui lui fut conservé jusqu'en 1842. Plein de zèle et de piété, aucune bonne œuvre n'était étrangère à ce digne missionnaire ; il jeta les premiers germes de la propagande des bons livres à Bourbon, établit la maison de charité de Saint-Denis, l'Œuvre de la Propagation de la Foi, l'Archi-Confrérie de Notre-Dame-des-Victoires, etc. En 1833, il procura à la colonie la visite de Mgr Morisse, vicaire apostolique de l'île-sœur, en 1834 ; il bénit la source des eaux thermales de Salazie. La colonie n'était pas assez vaste pour son zèle : aussi, dès qu'il put suivre son attrait, il s'embarqua pour Madagascar ; Sainte-Marie, Nossi-Bé, Mayotte et la Grande-Terre le virent tour à tour, pendant une dizaine d'années, travailler et souffrir. S. S. Pie IX venait de le nommer premier vicaire apostolique de Madagascar, lorsque, épuisé par tant de travaux, il s'endormit dans le Seigneur, le 22 septembre 1847, à Sainte-Marie de Madagascar.— Mgr Poncelet, que Grégoire XVI éleva, en 1841, à la dignité de prélat romain, au talent de la parole joignait une piété éminente, une foi vive et un zèle ardent qui lui attira plus d'une croix. Sous son gouvernement, les religieux du Saint-Cœur-de-Marie et ceux de la Compagnie de Jésus s'établirent à Bourbon ; la congrégation religieuse

---

bécillité. Il perdit la parole, qu'il remplaça par le grognement du porc et marchait à quatre pattes Il mourut, comme un autre célèbre impie, en mangeant ses excréments : trop visible punition de ceux qui avaient souillé l'auguste symbole de notre Rédemption ! Le quatrième, le seul qui n'eût pas porté la main sur la croix, mais qui faisait le guet, pendant que ses camarades l'abattaient, est encore vivant. Son unique occupation est de tracer des croix sur le sable, et de répéter en les traçant : Ne touchez pas à la croix, cela porte malheur ! Que le rationalisme explique ces faits comme il voudra. Pour nous, nous ne pouvons que baisser humblement la tête, et adorer en silence la justice divine !

des Filles-de-Marie fut fondée à la Rivière-des-Pluies, le clergé colonial fut plus que doublé, les chapelles, les écoles des Frères et des Sœurs commencèrent à se multiplier, l'œuvre de la Sainte-Enfance fut établie, la conversion des esclaves fut entreprise en grand et couronnée des plus consolants succès, etc. Après vingt-quatre années de mission, épuisé par la maladie, Mgr Poncelet part pour la France, accompagné du P. Frédéric Levavasseur, prêtre créole, et, sur le point d'y arriver, meurt en mer, le 23 février 1850, sans doute, pour aborder à de meilleurs rivages... M. l'abbé Guéret, qu'il avait nommé vice-préfet, en fit les fonctions, avec le titre de supérieur ecclésiastique, jusqu'à l'arrivée de Mgr Florian Desprez, premier évêque de Saint-Denis.

56. D. Par qui fut remplacé M. du Valdailly ?

R. Vers la fin de 1832, M. du Valdailly fut remplacé par le contre-amiral Cuvillier, qui le fut en 1838 par le contre-amiral de Hell.

Ce fut vers la fin du gouvernement de ce dernier que la reine sakalave Tsimekou fit cession (14 juillet 1840), au roi des Français, de tous ses droits de souveraineté sur les pays situés à la côte occidentale de Madagascar, et sur l'île de Nossi-Bé. Le 13 février 1841, cette île devint une dépendance de Bourbon, qui déjà avait à ce titre l'île Sainte-Marie, de Madagascar, cédée à la France en 1750. Le 25 avril 1841, Andrian Souly, sultan de Mayotte (archipel des Comores), imitant la reine des Sakalaves, céda à la France la propriété de l'île Mayotte, dont la prise de possession ne s'effectua qu'en 1843, sous le gouvernement du contre-amiral Bazoche, gouverneur de Bourbon depuis 1841.

57. *D.* Quel événement remarquable signala l'année 1845 ?

R. L'année 1845 fut signalée par la fermeture des ports hovas de Madagascar, et par l'affaire de Tamatave qui en fut la suite.

La grande île de Madagascar, à cent lieues de Bourbon, était à cette époque son grenier d'abondance : la colonie en recevait ses approvisionnements en bœuf, riz, salaisons et autres denrées et marchandises ; Bourbon lui donnait en échange des toiles de l'Inde, des armes, de la poudre de guerre, des liqueurs, des piastres d'Espagne et des produits des manufactures françaises. Mais au mois de juin 1845, les ports hovas de Madagascar furent fermés, les commerçants français et étrangers expulsés de ces rivages par ordre de la reine Ranavalona. L'alimentation et le commerce de Bourbon et de Maurice eurent beaucoup à en souffrir. A cette triste nouvelle, le commodore Kelly, commandant la frégate *Conway*, de S. M. B., et le capitaine de vaisseau Romain Deffossés, avec les corvettes françaises *le Berceau* et *la Zélée*, se rendirent aux îles-sœurs, à Tamatave, pour y protéger les traitants européens. Leurs réclamations étant méprisées par les autorités hovas, les hostilités commencèrent le 15 juin 1845. En même temps que les navires ouvraient le feu sur Tamatave, un corps de débarquement de 400 hommes, composé des équipages de soldats de marine des bâtiments français et anglais prit terre et s'empara, non sans une vive résistance, des premières défenses ; mais les Malgaches s'étant réfugiés dans le fort de la place, bien garni de bouches à feu, faisaient pleuvoir balles et *sagaïes* sur les assiégeants qui, après de vains efforts, reconnurent l'impossibilité de s'en emparer. Devant un ennemi abrité et dix fois plus nombreux, le détachement anglo-français dut battre en retraite et rejoindre ses embarcations ; il avait eu environ 80 hommes tués ou blessés. Les Malgaches tranchèrent la tête aux cadavres des Européens restés sur le champ de bataille, et les fixèrent ignominieusement sur des pieux plantés le long de la plage, où ces tristes trophées de la barbarie de la reine des Hovas sont restés exposés jusqu'en 1853 ; et ce n'est qu'à la fin de 1861 que les dispositions hostiles du gouvernement hovas à l'égard des blancs ont cessé par la mort de Ravanalona, et par l'avénement de Radama II au trône. Ce jeune roi s'est déclaré solennellement l'ami et le protecteur des Européens et de leur civilisation.

59. *D.* Que fit-on vers cette époque pour préparer les esclaves au bienfait de la liberté?

R. Vers cette époque, on organisa un système de patronage plus actif en faveur des esclaves, afin de les disposer au grand bienfait de la liberté.

La pensée d'une abolition prochaine de l'esclavage dans les colonies françaises donna naissance à un système de patronage plus actif en faveur des esclaves. Ce patronage fut organisé par les lois de 1845. En conséquence, on chercha à leur assurer une instruction morale et religieuse qui les initiât peu à peu à la vie civilisée ; mais les événements politiques de 1848 précipitèrent la solution de cette grande question ; et si les résultats de l'émancipation immédiate n'ont pas été aussi désastreux qu'on pouvait le craindre, il faut en savoir gré à l'abnégation des colons, non moins qu'au bon esprit de la

4.

population affranchie, mais surtout aux salutaires enseignements du clergé colonial et des congrégations religieuses employées à cette sublime mission. Par leurs soins soutenus, ces missionnaires avaient sagement préparé à la liberté la race noire, en l'initiant aux sentiments de la famille, aux devoirs du chrétien et à la dignité de citoyen français.

Parmi les missionnaires qui s'occupèrent davantage de la conversion des esclaves, il faut citer celui que leur reconnaissance appela le *père des noirs*. A une grande force physique et à une stature colossale, M. Monnet joignait le zèle ardent et infatigable des hommes apostoliques. Dès 1842, il réunissait 1,500 néophytes à Saint-Denis et 7 ou 800 à la chapelle de Saint-François-Xavier, qu'il avait bâtie à la Rivière-des-Pluies, avec l'aide des noirs et de quelques blancs ; aussi les baptêmes, les premières communions et les mariages se multipliaient parmi les esclaves, et un bon noyau de fervents chrétiens vint bientôt réjouir le cœur des missionnaires dans toutes les paroisses où il fut possible de s'occuper des esclaves.

Le zèle et le dévouement de M. Monnet furent appréciés par le gouvernement métropolitain qui le nomma chevalier de la Légion d'honneur ; Mgr Poncelet l'avait nommé curé de Saint-Paul, et S. S. Pie IX, vice-préfet apostolique de Bourbon (1).

(1) M. Monnet raconte ainsi cette nomination :
« Avant de partir nous voulûmes faire le voyage de Rome, et nous eûmes le bonheur d'obtenir deux longues audiences de S. S. Pie IX. Ce saint et si illustre pontife, dans sa grande sollicitude pour tout le peuple chrétien et son amour ardent pour l'humanité, voulut prendre connaissance de l'état de nos missions coloniales, il entra jusque dans les plus petits détails. Mgr Poncelet et moi en étions tout à la fois étonnés et ravis. Pie IX paraissait

Le 12 septembre 1847, il arrive de nouveau dans la colonie avec ce titre ; mais il est forcé de se rembarquer quelques jours après. Il a beau déclarer solennellement qu'il n'a pas signé la *fameuse pétition* qui demandait l'abolition de l'esclavage... que pour lui l'émancipation immédiate serait la ruine des blancs et le malheur des noirs ; tout fut inutile, les esprits étaient trop prévenus ; M. Monnet dut repartir pour la France...

Nommé d'abord supérieur de la Congrégation du Saint-Esprit, vicaire général honoraire de Paris ; par bulle du 3 octobre 1848, Pie IX l'éleva à l'épiscopat sous le titre d'évêque de Pella *in partibus infidelium*, vicaire apostolique de Madagascar. Il fut sacré à Paris, par S. E. le cardinal Giraud, le 5 novembre 1848. Quelques mois plus tard, rendant le bien pour le mal à l'exemple de Jésus-Christ, l'Évêque missionnaire se vengeait noblement en soutenant pendant six heures, au sein d'une commission chargée de régler les destinées des colonies, *la nécessité d'une indemnité* et pour les noirs et pour les

oublier tout le reste de l'univers, pour ne s'occuper que de notre chère mission de Bourbon. Après nous avoir prié de travailler avec zèle au salut de tous en général, il nous recommanda d'une manière particulière les pauvres et les esclaves, comme étant une partie chérie du troupeau que Jésus-Christ lui avait confié : puis, me posant sa main droite sur l'épaule, il me dit en français avec un accent qui avait quelque chose tout à la fois de divin et de paternel : « Eh bien ! cher fils, il faut retourner à Bourbon avec Mgr Poncelet, vous serez son vice-préfet ; je charge Mgr Brunelly d'en donner connaissance à son Eminence le cardinal préfet de la propagande, qui vous remettra le titre des pouvoirs que je vous confie. Vous paraissez fort et robuste, cela est utile pour un missionnaire, vous êtes jeune encore, vous pourrez vous rendre utile à l'Eglise de Dieu et au salut des âmes, non-seulement à Bourbon, mais encore à Madagascar. Soyez béni ! » Ces paroles furent pour nous d'un encouragement bien grand ! Le lendemain nous recevions nos pouvoirs. »

blancs. Mgr Monnet arriva à Bourbon, accompagné de plusieurs missionnaires, en novembre 1849, visita Sainte-Marie de Madagascar, confirma plusieurs insulaires, et ne put que saluer la grande terre de Madagascar... Le 1er décembre, il mourait, à peine âgé de trente-huit ans, d'un accès de fièvre pernicieuse, en posant le pied à l'île Mayotte. Ses restes mortels ont été recueillis et ensevelis honorablement à Bourbon par les soins de Mgr Desprez son compatriote et ami. La mémoire de Mgr Monnet est restée en vénération à Bourbon, surtout parmi les affranchis qui, tous les ans, font célébrer un service solennel à l'anniversaire de sa mort.

CHAPITRE VII. — De 1848 à 1862.

Révolution de 1848. — La République est proclamée à l'Ile Bourbon. — Abolition de l'esclavage. — Le commissaire général Sarda-Garriga. — M. Doret. — La colonie est érigée en diocèse. — Mgr Desprez, 1er évêque de Saint-Denis, prend possession de son siège. — Heureuses conséquences de cette création. — M. Hubert-Delisle; pour la première fois la colonie est gouvernée par un de ses enfants. — Le baron Daricau continue et poursuit l'œuvre de progrès et de prospérité. — Derniers événements.

58. D. Par qui fut remplacé le contre-amiral Bazoche?

R. Le contre-amiral Bazoche fut remplacé en 1846 par le capitaine de vaisseau Graeb, qui gouvernait encore la colonie lorsque la nouvelle de la révolution de février 1848, qui venait de précipiter Louis-Philippe du trône, parvint à Bourbon.

Le 9 juin, en présence des autorités civiles et militaires réunies sur la place du Gouvernement, M. Graeb proclama la République française dans la colonie qui reprit alors le nom d'île de la Réunion. Cet événement, compliqué de la crise financière et commerciale qui régnait depuis quelque temps dans le pays, ne fut pas sans jeter quelque trouble dans les affaires ; mais la tranquillité publique n'en fut pas un instant troublée.

60. D. Par qui fut décrété l'affranchissement général des esclaves?

R. L'affranchissement général et immédiat des esclaves, dans les colonies françaises, fut décrété en 1848 par le gouvernement provisoire de la République. Il fut promulgué à la Réunion par le commissaire général Sarda-Garriga, le 20 octobre 1848, et reçut son exécution le 20 décembre suivant.

Ce fut le 18 octobre 1848 qu'arriva dans la colonie le commissaire général de la République, chargé de promulguer l'affranchissement général et immédiat des esclaves. Il fut reçu dans l'île avec les égards dus à son caractère de représentant du Gouvernement français, et les habitants ne firent entendre ni plaintes, ni murmures. De leur côté, les esclaves furent joyeux, mais calmes et convenables dans leur joie.

Avant le jour fixé pour l'émancipation, le commissaire général Sarda-Garriga, qui avait un sens droit et des sentiments honnêtes, parcourut les campagnes et visita les ateliers ruraux, et y trouva l'ordre, la discipline et le travail. Il vit la possibilité d'établir la liberté et de maintenir le travail ; il soumit donc les affranchis à prendre des engagements comme travailleurs ou domestiques avec les propriétaires qui, de leur côté, s'engageaient à donner à leurs engagés le logement, la nourriture, les soins médicaux, un salaire en argent, et prenaient à leur charge jusqu'aux frais d'inhumation de l'engagé. L'affranchi justifiant des moyens d'existence, était dispensé de l'engagement. Par là, M. Sarda Garriga sauva l'agriculture, et garantit en même temps l'ordre public et le bien-être des nouveaux affranchis. Ainsi, grâce à ces sages mesures, à l'abnégation des colons et au bon esprit de la population affranchie, le grand acte de l'abolition de l'esclavage à la Réunion, s'est heureusement accompli sans ces commotions qui le signalèrent aux Antilles.

La colonie en a témoigné sa reconnaissance à M. Sarda-Garriga en lui offrant une pension de 3,600 francs, votée par le conseil général. Les esclaves libérés furent au nombre de 60,161 ; les colons reçurent pour chacun d'eux une indemnité de 733 francs, en rente sur l'État, à 3 pour cent.

61. *D.* Qui succéda au commissaire général de la République ?

R. Ce fut le capitaine de vaisseau Dozet qui succéda, en qualité de gouverneur, au commissaire général de la République.

M. Doret, dont le nom appartient aux annales du premier empire, arriva à la Réunion le 15 avril 1850 ; le commandant militaire de Barolet gouvernait la colonie par *interim*, depuis le 8 mars précédent. Sous l'administration énergique et bienveillante de M. Doret, l'œuvre qu'avait inaugurée son prédécesseur se continua et s'affermit, grâce aux sages mesures qu'il sut prendre ; mesures qui, en assurant définitivement la tranquillité publique, le maintien de l'ordre et la conservation du travail, lui valurent les sympathies du pays et la satisfaction du Gouvernement. Aussi, à son retour en France, il fut récompensé de ses services par la dignité de Sénateur. Au moment où M. Doret quittait le gouvernement de l'île, la variole, introduite par l'imprudence d'un capitaine de navire, faisait d'assez nombreuses victimes dans la colonie.

62. D. En quelle année l'île de la Réunion fut-elle érigée en diocèse ?

R. L'île de la Réunion, sur la demande du Gouvernement français, fut érigée en diocèse, suffragant de Bordeaux, par S. S. Pie IX, le 27 septembre 1850. Saint-Denis devint ville épiscopale et siége du nouvel évêché.

63. D. Quel a été le premier évêque de Saint-Denis ?

B. Le premier évêque de Saint-Denis fut Mgr Julien-Florian-Félix Desprez. Sa Grandeur arriva dans son diocèse le 22 mai 1851.

Les colons saluèrent avec bonheur l'arrivée de ce digne prélat, que d'honorables antécédents avaient signalé à l'attention du Gouvernement métropolitain, et que le Souverain-Pontife envoyait pour premier évêque de la colonie. Jusque-là, l'île n'avait eu à la tête de son clergé qu'un préfet apostolique. Mgr Desprez, après avoir gouverné avec beaucoup de zèle et de dévouement son diocèse, fut transféré en 1857 à l'évêché de Limoges, et en

1859 à l'archevêché de Toulouse. Pendant son épiscopat à la Réunion, Mgr Desprez fit le voyage de Rome et eut le bonheur de s'y trouver le 8 décembre 1854 à la proclamation du dogme de l'Immaculée-Conception par Pie IX. A son retour, après avoir publié les Lettres apostoliques touchant la définition dogmatique, le pieux prélat consacra solennellement son diocèse à la bienheureuse Vierge Marie, patronne de la France et de ses colonies.

64. *D.* Quelles ont été les conséquences de l'érection de l'évêché de Saint-Denis?

R. Les conséquences de l'érection de l'évêché de Saint-Denis furent des plus heureuses pour la colonie.

Une impulsion nouvelle fut donnée à la régénération religieuse; les églises et chapelles se multiplièrent ainsi que les établissements religieux et les écoles; un collége diocésain et deux colléges ecclésiastiques furent ouverts; les sociétés de Saint-Vincent de Paul, de Saint-François-Xavier, de Notre-Dame de Bon-Secours, et plusieurs associations pieuses et charitables prirent naissance ou se développèrent, etc., etc. En un mot, depuis cet heureux événement, les progrès qu'a faits la religion sont des plus consolants, et ils le seraient bien davantage si le clergé paroissial était, pour le nombre, plus en rapport avec les besoins des populations. Trop souvent encore on trouve de vastes paroisses, de plusieurs milliers d'âmes, qui n'ont qu'un seul prêtre pour les desservir. Aussi Mgr Amand-René Maupoint, digne successeur de Mgr Desprez, s'est-il empressé, dès son arrivée, pour satisfaire autant que possible aux besoins religieux de son diocèse, de multiplier le nombre des paroisses. Elles sont aujourd'hui au nombre de cinquante ; Mgr Desprez, qui en avait trouvé treize, en avait laissé vingt-cinq.

65. *D.* Par qui fut remplacé M. Doret ?

R. M. Doret fut remplacé par M. Henri-Hubert Delisle. C'est la première fois que la colonie s'est vu gouverner par un de ses enfants.

M. Delisle, né à Saint-Benoît, arriva à la Réunion le 8 août 1852 sur la frégate la *Belle-Poule* et débarqua le même jour à Saint-Denis. Sous son administration si féconde, 1853 vit proclamer l'Empire, établir la banque coloniale, créer une exposition coloniale des produits de l'agriculture, de l'industrie et des beaux-arts, ouvrir le tunnel du cap Bernard etc... ; 1854, poser la première pierre du port de Saint-Pierre, inaugurer la route impériale de ceinture commencée 27 ans auparavant, promulguer le sénatus-consulte décrétant que l'esclavage ne peut jamais être rétabli dans les colonies françaises, et réglant la nouvelle constitution des colonies, etc... ; 1855, instituer un musée d'histoire naturelle dans l'ancien Palais législatif ; la colonie visitée par le major général anglais Hay, etc... ; 1856, la fondation d'une bibliothèque publique et d'une société des arts et des sciences, la création du superbe et utile établissement de la *Providence*, renfermant la maison-mère et le noviciat des Filles de Marie, un hospice pour les vieillards et les invalides, une école professionnelle d'arts et métiers, et un pénitencier pour les jeunes détenus ; la pose de la première pierre de la nouvelle cathédrale, etc.... 1857 vit l'ouverture solennelle des travaux de la seconde route de ceinture, que la colonie reconnaissante appelle *Route Henri-Delisle*, la fondation de l'exposition permanente des produits des colonies françaises, etc.; en un mot, M. Delisle justifia pleinement les espérances que la population l'avait fondées, non moins sur ses brillants antécédents que sur sa qualité de créole de Bourbon ; son gouvernement fut des plus heureux et des plus prospères, et rappela celui de Labourdonnais, dont M. Delisle érigea solennellement la statue sur la place du Gouvernement, le 15 août 1856. Le 10 janvier 1858, M. Delisle, épuisé par le travail et la maladie, partit pour France, laissant l'*interim* du gouvernement à M. Lefèvre, ordonnateur. Arrivé à Aden, il y apprit que S. M. Napoléon III, venait de l'élever à la dignité de sénateur de l'Empire. Deux ans plus tard, un autre décret impérial l'autorisait à accepter l'offre d'un buste en marbre portant cette inscription : *L'île de la Réunion reconnaissante, à M. Hubert Delisle, Gouverneur de 1852 à 1858.*

66. *D.* Par qui fut définitivement remplacé M. Delisle ?

R. M. Delisle fut définitivement remplacé à la Réunion par le baron Darricau, capitaine de vaisseau ; il prit le gouvernement de la colonie le dimanche des Rameaux, 28 mars 1858. Sous son administration, l'œuvre de progrès, d'amélioration et de prospérité commencée et poursuivie par ses prédécesseurs se continue et s'affermit de plus en plus, et bientôt l'île de la Réunion aura peu à envier aux départements de la métropole.

67. Précis chronologique des derniers événements relatifs à la colonie.

1858. — Promulgation du décret impérial autorisant la délivrance, dans la colonie, des brevets de capacité constatant les bonnes études secondaires.

Idem réorganisant la direction de l'intérieur.

Idem créant le ministère de l'Algérie et des Colonies confié au prince Jérôme Napoléon.

1859. — Invasion du choléra. Il fait bien des victimes, mais fait surgir d'admirables actes de dévouement.

Réorganisation des milices.

1860. — Inondation, beaucoup de dégâts ; le pont de la rivière de l'Est, le plus beau de la colonie, est emporté.

Le ministère de l'Algérie et des Colonies est supprimé. Les colonies sont rattachées au ministère de la marine. Le 30 novembre, M. l'abbé Fava, vicaire général de Saint-Denis et vice-préfet apostolique de Zanzibar, s'embarque sur le transport à vapeur *la Somme*, avec les abbés Eymard et Schimpff, un chirurgien de marine, six religieuses d'une congrégation fondée dans la colonie et appelée *Filles de Marie*, et quelques ouvriers et infirmiers, pour aller fonder la mission du Zanguebar, sur la côte orientale d'Afrique, de l'Équateur au cap Delgado, sur une profondeur inconnue... mission confiée à Mgr l'évêque de Saint-Denis par S. S. Pie IX, patronée par le gouvernement métropolitain et par le gouvernement colonial, qui lui a accordé 15,000 fr. sur son budget de 1861. Arrivés à Zanzibar, le 22 décembre, nos missionnaires sont présentés par le consul de France et par le commandant de la station navale au sultan Seïd-Medjid, qui les accueille avec bienveillance. Le 25, fête de Noël, ils célèbrent leur première messe à minuit..... La mission s'annonce bien et déjà elle a pu ouvrir une chapelle, des écoles, des hôpitaux et des ateliers.

1861. — Promulgation de la loi du 3 juillet 1861 sur le nouveau régime des douanes. D'après cette loi, les marchandises étrangères dont l'importation est autorisée en France peuvent l'être à Bourbon.

La reine des Hovas (Madagascar), Ranavalona, si hostile aux blancs, meurt à Tananarivo le 16 août. Son fils, Rakatond, lui succède sous le nom de Radama II. Il retire les lois de proscription établies contre les blancs, donne la liberté du commerce et se déclare le protecteur des étrangers. Les missionnaires de la Compagnie de Jésus et les sœurs de Saint-Joseph de Cluny s'établissent sous sa protection à Tananarivo et à Tamatave.

1862. — 6 janvier. — Inauguration solennelle du tribunal de première instance et de la cour d'assises de l'arrondissement judiciaire de Saint-Pierre. Le décret impérial transférant le tribunal de la ville de Saint-Paul à celle de Saint-Pierre est du 6 janvier 1857. — Saint-Paul, comme canton, est annexé à l'arrondissement judiciaire de Saint-Denis, et Saint-Leu devient chef-lieu de canton dépendant du tribunal de Saint-Pierre.

26 février. — Décret impérial réglant le cabotage dans les colonies.

29 mars. — Arrêté créant et organisant l'hôpital colonial.

Juillet 1862. — Sur les 6,884 médailles décernées à l'exposition universelle de Londres, 92 ont été accordées aux colonies françaises; pour sa part, l'île de la Réunion n'en a pas eu moins de 24; plus, 12 mentions honorables.

8 juillet. — Arrêté qui interdit la chasse des oiseaux pendant cinq ans, et qui détermine la durée annuelle de la chasse du gros gibier du 1er mai au 30 septembre. Conserver des espèces d'oiseaux utiles tendant à disparaître de la colonie, et protéger les récoltes plus que jamais menacées par l'invasion d'insectes nuisibles, tels ont été les motifs qui ont provoqué cet arrêté.

18 septembre. — Fondation de la Société coloniale d'acclimatation de l'île de la Réunion. Son but est : 1° l'introduction, l'acclimatation et la domestication des espèces d'animaux et la naturalisation des végétaux utiles ; 2° le perfectionnement et la multiplication des races nouvelles introduites ou domestiquées.

22 octobre. — Retour sur la frégate l'*Hermione*, et réception solennelle de la mission impériale, revenant du couronnement de Radama II, roi de Madagascar. Ce grand événement avait eu lieu le mardi 23 septembre à Tananarivo, sur la place du Champ-de-Mars, en présence de 2 ou 300,000 malgaches et des missions française et anglaise. Le matin de cette mémorable journée, après une messe privée, le R. P. Jouen, préfet apostolique, bénit la couronne royale offerte par S. M. l'empereur des Français à Radama II, et la posa solennellement sur la tête du monarque malgache, en prononçant ces paroles : « Sire, c'est au nom de Dieu que je vous couronne ! Régnez longtemps pour la gloire de votre nom et pour le bonheur de votre peuple ! »

A la suite de ce grand événement, un traité d'amitié et de commerce a été conclu entre la France et Madagascar. Ce traité accorde la liberté de conscience aux insulaires, donne la faculté aux étrangers de pratiquer ouvertement leur religion, et aux missionnaires de pouvoir librement prêcher, enseigner, construire des églises, séminaires, écoles, hôpitaux et autres édifices pieux qu'ils jugeront convenable. De plus, M. Lambert, duc d'Émirne, a obtenu une charte par laquelle Radama II l'autorise à former une compagnie ayant pour but l'exploitation des mines de Madagascar, des forêts et des terrains situés sur les côtes et dans l'intérieur, etc.; en un mot, de faire tout ce qu'elle jugera convenable au bien du pays.

1863. 6 janvier, à 8 h. 50 du soir. — Un tremblement de terre se fait sentir dans toute la colonie, ainsi qu'à Maurice. La secousse, qui a duré environ 30 secondes, a été assez forte pour ébranler les maisons et réveiller en sursaut des personnes endormies.

2 et 21 février. — Ouragans. Les ponts de marine sont presque tous emportés, le Barachois de Saint-Denis démoli en partie, le cimetière de Saint-Paul est envahi par la mer, beaucoup de désastres en mer et sur terre.

DEUXIÈME PARTIE

TOPOGRAPHIE.

CHAPITRE VIII.

Position, configuration, superficie, montagnes, sol, volcans, caps et pointes, variétés de climats, de végétation, de sites.

68. *D.* Où est située l'île de la Réunion?

R. L'île de la Réunion est située dans la mer des Indes, sous le 21° de latitude *sud*, et le 53° de longitude *est*.

Le 21° de latitude *sud* et le 53° de longitude *est* se croisent sur Saint-Paul. Saint-Denis, capitale de l'île, est située par le 20° 51′41″ *latitude sud 53°, 10 longitude est*. C'est la position du belvédère de l'hôtel du Gouvernement.

Située dans l'océan Indien, l'île Bourbon est à 35 lieues marines (1) de Maurice, à 140 de Madagascar, à 300 de la côte orientale d'Afrique, à 680 du cap Comorin (Asie); à 1,120 du cap Cuvier (Australie). Sa distance du port de Brest est évaluée approximativement à 3,250 lieues. La traversée moyenne des côtes de France à Bourbon, par voie du cap de Bonne-Espérance et par navires à voiles, est de 80 à 90 jours. — Par voie de Suez et par navires à vapeur, le voyage s'effectue en 26 jours; une fois par

---

(1) La lieue marine de 20 au degré est de 5,556 mètres.

mois déjà et bientôt deux fois, la colonie sera ainsi mise en communication avec la mère-patrie.

69. *D.* Quelle est la forme de l'île?

R. L'île de la Réunion est de forme elliptique, s'allonge du NO au SE, et s'exhausse autour de deux centres principaux qui sont dominés l'un par le Piton-des-Neiges, l'autre par le Piton-de-Fournaise.

Un relief de l'île de la Réunion, exécuté avec beaucoup de soins par M. Maillard, ingénieur colonial, et dans lequel l'échelle des hauteurs est la même que celle des longueurs horizontales donne une idée exacte de la forme de l'île.

Ce relief montre une grande analogie de forme entre le groupe des montagnes volcaniques qui constituent l'île de la Réunion, celles de la Guadeloupe et du Cantal; les cirques de Cilaos et de Salazie qui sont au centre, sont des cratères de soulèvement remarquables par leur régularité. La crête qui les entoure s'élève, au point dit le *Piton-des-Neiges*, à 3,069 mètres; il domine le cirque de Cilaos de 1,955 mètres, et celui de Salazie de 2,197 mètres.

Outre ce groupe central, il existe dans la partie ouest de l'île, un volcan moderne dont la surface, en dôme très-aplati, offre le caractère général de l'Etna. Sa hauteur est de 2,626 mètres.

Les galets roulés par les torrents et amassés sur les côtes, transportés en partie par les vents généraux, forment sous le vent, entre la Possession et Saint-Paul, une pointe très-avancée qu'on appelle *Pointe-des-Galets*, sous le vent encore, à l'*Etang-Salé*, entre la ravine des

Avirons et l'étang du Col, on trouve sur une étendue de plusieurs kilomètres des masses de sable mouvant. La plage, depuis la pointe *la Houssaye*, qui ferme la rade de Saint-Paul jusqu'au delà de Saint-Pierre, est bordée d'une ceinture de récifs de corail dont on fait une chaux excellente. Devant chacune des ravines qui sillonnent la circonférence de l'île, il y a solution de continuité dans ce banc. L'eau froide des ravins, qui se jette en ces endroits à la mer, laisse libre une *passe* par où les petits et grands caboteurs peuvent atterrer. L'eau du chenal produit de la sorte, reste en toute saison presque toujours tranquille jusqu'à la plage, tandis que de chaque côté, sur les brisants, la lame s'élève et frappe furieuse sur la ceinture accore des récifs.

En résumé, l'île de la Réunion offre, par sa position géographique et les différentes hauteurs de ses plaines et cirques intérieurs, une variété de climats qui permet presque à ses habitants de choisir celui qui leur convient et d'y cultiver les plantes et les fruits du monde entier. (*L. Maillard.*)

70. *D.* Quelle est la longueur et la largeur de l'île de la Réunion ?

R. L'île de la Réunion, dans sa plus grande longueur, de la *Pointe-des-Galets* à la *Pointe-d'Ango*, a 71 kilomètres, et dans sa plus grande largeur, du moulin de *Saint-Pierre* au phare du *Bel-Air*, elle a 50 kilomètres 1/2.

71. *D.* Quelle est la circonférence et la superficie de l'île ?

R. La circonférence de l'île, en suivant la route de ceinture, est de 232 kilomètres ; le développement de ses côtes est de 207 kilomètres. Sa superficie est évaluée à 251,160 hectares.

72. *D.* L'île de la Réunion est-elle montagneuse?

R. L'île de la Réunion est très-montagneuse, et c'est ce qui en rend le séjour plus sain et plus agréable que ne semble le supposer sa position géographique.

Les montagnes de l'île de la Réunion partent généralement du bord de la mer, et forment deux principaux groupes : l'un dominé par le Piton-des-Neiges, au centre de l'île, l'autre par le Piton-de-Fournaise, volcan en activité. Ces deux groupes de montagnes volcaniques d'ordres différents, sont séparés par un large pli désigné sous le nom de *Col-des-Cafres*, et qui s'étend du nord au sud sur toute la longueur de l'île, et dont la hauteur moyenne est de 1,560 mètres au-dessus du niveau de la mer.

73. *D.* Quel est le point culminant de l'île?

R. Le point culminant de l'île est le sommet du Piton-des- Neiges, qui a 3,069 mètres au-dessus du niveau de la mer.

Voici la hauteur, au-dessus du niveau de la mer, des autres principaux points de la colonie :

	mètres.
Grand-Bénard	2,895
Piton de Fournaise (volcan)	2,625
Morne de l'Angevin	2,391
Pic de Cimandef	2,226
Piton-Bleu	1,925
Piton de la Grande-Montée	1,838

	mètres.
Piton de Villers	1,719
Piton d'Aurère	1,433
Piton de Patates à Durand	1,131
Village de Hell-Bourg	919
Source de Salazie	872
Brûlé de Saint-Denis	650
Village de Salazie	504
Vigie de Saint-Denis	425
Flèches de la nouvelle Cathédrale	50
Feu du phare de Bel-Air	43

74. *D.* Comment peut être divisé le sol de la colonie ?

R. Le sol de la colonie peut être divisé en trois zones : la plus haute est absolument inculte ; celle du milieu est la plus boisée ; enfin la zone inférieure est celle des riches cultures, de l'industrie et du commerce.

La région la plus élevée de l'île étant constamment soumise à l'action du vent, du soleil et de la pluie, se dépouille du peu de terre que produisent les détritus du petit nombre de végétaux qui y croissent. On y remarque seulement des mousses. A mesure que l'on descend, on trouve des fougères, faibles d'abord, puis arborescentes ; au-dessous, des calumets, puis des palmistes.

La région du milieu est la mieux boisée, son sol est le meilleur ; mais une grande partie de cette zone ne peut être défrichée, attendu la configuration du sol que des pentes trop raides, des coupures, des précipices rendent inhabitable en beaucoup d'endroits ; d'autres parties de cette région sont couvertes de forêts qui sont infiniment plus utiles que la culture qu'on pourrait y substituer. Il serait même à désirer qu'on pût rétablir celles qu'on a malheureusement détruites à différentes époques, parce que ces forêts, retenant les nuages, garantissaient à l'île l'humidité indispensable à la végétation. Enfin, la zone inférieure, en général peu élevée au-dessus du niveau de la mer, est couverte d'habitations et livrée à une culture aussi riche que variée, sur laquelle repose la prospérité de l'île.

75. *D.* Qu'atteste la nature du sol de la colonie?

R. La nature du sol de la colonie atteste que l'île entière est le produit des éruptions de deux foyers principaux, dont le plus considérable, le *Piton-des-Neiges*, est éteint depuis longtemps, tandis que l'autre, le *Piton-de-Fournaise*, brûle encore.

« Les matières apportées par les volcans, de l'intérieur de la terre à sa surface, se retrouvent dans les terrains formés pendant et après les éruptions. Le dégagement des gaz, la décomposition des roches, le détritus des plantes, finissent par composer une terre éminemment productive. Telle est celle de Bourbon. Elle a donné d'abord naissance à des mousses, à des fougères ; et dans le cours des siècles, elle a produit de grands arbres, tels que les palmistes, le nate, le takamaaka, le benjoin, le bois de fer ; et ces géants de nos forêts étendirent sur le sol encore nu leurs vertes décorations. Les rivières reçurent des poissons, les bois des oiseaux de toute espèce. L'homme vint longtemps après prendre possession de ces solitudes désertes, et y naturalisa les plantes et les animaux de l'Asie, de l'Afrique et de l'Europe.

» Les laves en fusion, vomies par les volcans, ont formé

entre les montagnes dont l'île est sillonnée, des espaces vides, profonds, escarpés, par où les eaux qui tombent des hauteurs s'écoulent à la mer. Leurs lits, encaissés entre des remparts d'une élévation souvent prodigieuse, n'ont quelquefois que six à sept mètres de largeur, et quelquefois une lieue d'étendue. » (*Histoire de l'île Bourbon*, par M. Azéma.)

76. D. Que remarquez-vous par rapport au volcan actuel ?

R. Le volcan actuel a plutôt des coulées que des éruptions.

Les coulées du volcan de Bourbon sont assez fréquentes, bien que se reproduisant à des époques irrégulières. Le cratère change souvent de place dans un cercle d'environ un myriamètre à un myriamètre et demi de la côte. Des coulées successives ont couvert un large espace qu'on appelle le *Pays-Brûlé* ou le *Grand-Brûlé*, territoire inculte où l'on rencontre à peine çà et là quelques oasis de verdure d'origine récente, des buissons, des mimosas et des fougères. Cette terre en deuil, cette vaste surface inerte et retentissante comme un pavé métallique, est tellement en opposition avec les riantes campagnes et la riche végétation qui l'entourent, qu'il n'est pas possible de les voir sans éprouver une sensation pénible... La coulée, lorsqu'elle a lieu, suit presque invariablement une marche oblique ; ce n'est qu'au bout de plusieurs jours et souvent de plusieurs semaines qu'elle gagne les bords de la mer ; parfois même elle n'y arrive pas. C'est un beau spectacle que ce ruisseau de feu, dessinant par une nuit obscure ses rouges replis sur les parois extérieures du piton. Aussi chaque fois que le volcan vomit ses flots brûlants, nombre de visiteurs affluent au quartier Sainte-Rose.

Les éruptions les plus considérables dont on se souvient sont celles de 1775, de 1800, de 1812, de 1824, de 1858, qui couvrit la route impériale d'une croûte de matières volcaniques d'une épaisseur de 3 à 4 mètres sur une étendue d'environ 400 ; enfin celle du 19 mars 1860 qui a présenté un phénomène qui ne s'était pas vu depuis le siècle dernier. A huit heures et demie du soir, après une forte détonation, une colonne de matières incandescentes s'est élevée au-dessus du cratère; divisée ensuite en deux nuages, elle s'est dissoute en une pluie de cendres. Cette pluie a été générale depuis l'extrémité *sud* de la commune de Saint-Philippe jusqu'à quelques kilomètres de la ville de Saint-Benoît. D'après les calculs de M. Hugoulin, témoin du phénomène, 300 millions de kilogrammes de matière ont été expulsés presque instantanément par l'éruption subite, et tamisés sur 60,000 hectares de superficie de terre et de mer (1). (*Rapport* de M. Hugoulin.)

Rien n'est plus beau, mais aussi rien n'est plus triste que de voir une rivière de feu traversant ces forêts, en fauchant broussailles et grands arbres avec une puissance et une régularité d'action qui démontre la force irrésistible que développent ces courants de lave. Pourtant quelques familles habitent encore les oasis du Grand-Brûlé, toujours sur le qui-vive, veillant à chaque coulée si la lave ne vient pas vers leurs modestes cases.

77. *D.* Quels sont les caps et les pointes les plus remarquables de la colonie?

(1) Voir l'*Almanach religieux de l'île de la Réunion*, années 1860 et 1861.

R. Les caps ou pointes les plus remarquables sont, dans la *Partie-du-Vent* : le cap Bernard, la pointe du Champ-Borne, le cap Fontaine, la pointe des Cascades, et la pointe de la Table.

Dans la partie Sous-le-Vent : le cap de la Possession, la pointe des Galets, le cap de la Houssaye, où l'on a essayé de creuser un *patent-slip*, le cap des Chameaux, la pointe de Saint-Leu, et celle de Saint-Pierre à la rivière d'Abord, où l'on poursuit avec activité les travaux d'un bassin de carénage qu'il sera facile, dit-on, de transformer en un port.

Terminons ce chapitre par cette judicieuse observation de M. Morel, dans son *Essai sur la topographie botanique* de l'île : « La Réunion offre donc à la science un avantage inappréciable, celui de présenter, dans un rayon très-circonscrit, puisqu'elle n'a pas plus de 45 lieues de circonférence, toutes les nuances de climats et de végétation unies aux accidents de terrain et aux divers degrés d'élévation qu'on ne peut observer, d'ordinaire, qu'au moyen de longs voyages et de peines infinies. »

» Ajoutez à cela la présence d'un volcan toujours en éruption, la circonstance d'un sol uniquement formé de laves, celle d'une végétation prise à ses deux points extrêmes, depuis l'endroit où elle prend sa forme et sa naissance jusqu'à celui où elle décroît et meurt ; enfin l'existence d'un grand nombre de végétaux particuliers au pays, et parmi lesquels se dessine un amas immense de fougères, ces premiers habitants des terres récemment créées, et vous comprendrez de quelle importance doit être le pays qui, dans un si petit espace, offre tant de richesses naturelles toutes si dignes de l'observation (1). »

Touriste passionné, voyageur infatigable, narrateur original et enthousiaste, admirateur exalté, nul n'a plus vivement que M. Héry, senti la majesté et la grandeur des sites de Bourbon, nul n'a su rendre un plus éclatant hommage à cette île incomparable, dont les paysages, au dire des voyageurs qui ont le plus couru le monde, égalent ou surpassent en beauté tous ceux qui font la gloire des contrées les plus privilégiées sous ce rapport. M. Héry a consigné les souvenirs et les impressions de ses explorations dans l'intérieur de l'île Bourbon, dans ses *Esquisses africaines*. Après avoir lu ses descriptions éloquentes et gracieuses, on peut dire comme lui : J'ai vu ! et se croyant transporté sur ces pics ardus qu'il nous met sous les yeux, répéter après lui : « Vous seul êtes plus haut, Seigneur, que le hardi piédestal qui nous rapproche de vous : vous seul êtes plus grand que tant de grandeurs qui nous environnent (2) !... »

(1) Bulletin de la Société des Sciences et arts de l'île de la Réunion (1856).
(2) Album de l'île de la Réunion.

CHAPITRE IX.

Hydrographie : Rades. — Côtes. — Rivages. — Marées. — Quartiers maritimes.

78. *D.* Que faudrait-il à Bourbon pour en faire une des plus importantes colonies du globe?

R. Il faudrait un port à Bourbon pour en faire une des plus importantes colonies du globe.

Bourbon ne possède pas un seul port naturel dans tout son littoral; ce qui nuit beaucoup à ses intérêts commerciaux et à son importance maritime. Ses côtes n'offrent aux navires de guerre et du commerce que des rades foraines peu commodes pour l'atterrage, sans sûreté pour le mouillage, et d'où il faut appareiller aux moindres bourrasques. Aussi, plus que jamais, la question de créer un port à Bourbon est-elle agitée. Des essais restés infructueux ont été tentés à Saint-Denis et à Saint-Gilles ; on espère que les travaux poursuivis avec tant d'énergie à Saint-Pierre seront plus heureux. Saint-Paul et même Saint-Denis ne désespèrent pas de se voir aussi doter un jour d'un pareil bienfait.

79. *D.* Quelles sont les rades les plus fréquentées de la colonie?

R. Les rades les plus fréquentées de la colonie sont celles de Saint-Denis, de Saint-Pierre et de Saint-Paul ; seules elles peuvent recevoir et expédier immédiatement des navires.

On trouve encore des mouillages et des ponts-embarcadères, dans la *Partie-du-Vent* : à Sainte-Marie, à Sainte-Suzanne, au Bois-Rouge, au Champ-Borne, à Saint-Benoît et à Sainte-Rose.

Dans la *Partie-sous-le-Vent* : à la Possession, à Saint-Gilles, à Saint-Leu, à l'Étang-Salé et à Manapany.

L'hydrographie de l'île Bourbon a été faite avec soin par plusieurs officiers de notre marine militaire, et principalement vers 1850 par M. Cloué, alors lieutenant de vaisseau.

Outre la carte générale des côtes qu'il a dressée, il a levé le plan particulier de presque toutes les rades. Ces travaux ont été publiés par le Dépôt des cartes et plans de la marine.

Les rivages de la Réunion sont partout sains mais peu abordables, par suite de la grosse mer qui règne généralement sur les côtes, et aussi à cause des courants qui sont très-forts et sans aucune régularité.

Les brises qui règnent presque toujours du *sud-est* à l'*est-sud-est* sont remplacées la nuit par les vents de terre soufflant, quel que soit le point de la côte, du centre de l'île vers le large. Ces vents viennent offrir au navigateur une garantie contre les courants, que les rares calmes rendent quelquefois dangereux.

Un phare lenticulaire de deuxième ordre et à feu fixe a été placé sur la pointe du Bel-Air (Sainte-Suzanne); des feux de port sont aussi installés à Saint-Denis, à Saint-Paul et à Saint-Pierre.

Le feu du phare, situé par le 20° 53' 11" de latitude sud et le 53° 19' 12" de longitude *est*, est élevé de quarante-trois mètres au-dessus du niveau de la mer : situé au vent de Saint-Denis, il en facilite l'atterrissage aux navires venant du large ou de Maurice, et leur permet de se tenir suffisamment au vent en attendant le jour.

A l'île Bourbon, il y a peu ou point de marées. Le maximum, entre les plus basses et les plus hautes mers, ne dépasse guère, sauf le cas d'ouragan, plus de 1 mètre 10 centimètres. Si les côtes sont saines, il est toutefois des pointes dont il faut se méfier la nuit, entre autres celle des Galets, parce qu'elle est très-basse, et qu'elle ne se voit que de très-près.

La pointe du Champ-Borne est aussi fort basse, mais s'étend peu à la mer. Citons encore celle des Aigrettes, près du cap la Houssaye ; la pointe de Saint-Leu ou de Bretagne ; celle de la rivière d'Abord et de la Table, que viennent reconnaître les navires se rendant *sous-le-Vent* ; enfin, celle des Cascades, qui sert de repère à presque tous les navires, à cause de la facilité qu'ils ont de reconnaître le *Piton-Rouge* qui la domine. Un feu serait bien nécessaire sur ce point.

La côte n'offre aucun refuge aux navires ; quant aux bateaux caboteurs, ils peuvent entrer avec facilité dans le petit bassin de Saint-Pierre, et, selon l'état de la mer, se réfugier quelquefois derrière les bancs madréporiques de l'Étang-Salé, de l'Hermitage, de Saint-Leu et de Saint-Gilles. Avec belle mer et des moyens de halage pour franchir la barre, ils peuvent aussi entrer dans l'étang de Saint-Paul, dont le niveau moyen est de soixante-quinze centimètres au-dessus du niveau de la mer.

Quant au Barachois de Saint-Denis, spécialement destiné aux chaloupes et embarcations, les bateaux caboteurs ne peuvent y entrer que par belle mer et après avoir enlevé leurs mâtures.

L'île de la Réunion est divisée en trois quartiers maritimes qui sont : SAINT-DENIS, pour toute la partie du vent; SAINT-PAUL pour cette commune, Saint-Louis et Saint-Leu ; enfin, SAINT-PIERRE, pour cette commune et celles de Saint-Joseph et de Saint-Philippe.

CHAPITRE X.

Rivières et torrents. — Etangs et mares. — Eaux thermales et minérales. — Canaux.

80. *D.* L'île de la Réunion a-t-elle plusieurs cours d'eau ?

R. L'île de la Réunion est sillonnée par un grand nombre de cours d'eaux. Ce ne sont, en général, que des ruisseaux, qui deviennent des torrents dans la saison pluvieuse. Les principaux prennent le nom de rivières.

Les nombreux torrents dont l'île est sillonnée s'échappent soit des cirques intérieurs, soit des pentes générales, formant le flanc des montagnes, et qui coulent tous du centre à la circonférence, ne sont ni larges ni profonds. Leur pente est en général très-rapide, et leur cours tellement accéléré que la plupart ne sont que des ravines. Elles ne roulent un volume d'eau considérable que dans la saison des pluies ; elles offrent beaucoup de difficultés pour l'irrigation, à cause de leur encaissement. Aucune n'est navigable : à leur embouchure, les galets forment une barrière naturelle qui défend généralement les communications avec la mer.

Quelques-unes de ces rivières fournissent d'assez bons poissons, parmi lesquels il faut citer le *mulet*, l'*anguille*, le *poisson plat* et la *chitte*.

81. D. Combien la Partie-du-Vent compte-t-elle de rivières ?

R. La Partie-du-Vent compte sept rivières, savoir : la rivière de Saint-Denis et celles des Pluies, de Sainte-Suzanne, du Mât, des Roches, des Marsouins et de l'Est.

1° *La rivière de Saint-Denis*, qui a sa source dans la plaine des Chicots, et son embouchure au chef-lieu de la colonie, où on la traverse sur un pont de bois dont les arches sont soutenues par des canons plantés en terre. Ses eaux font mouvoir plusieurs machines hydrauliques.

2° *La rivière des Pluies*, qui sort de la plaine des Chicots et de la plaine de Fougères, et se subdivise près de son embouchure, à 5 ou 6 kilomètres de Saint-Denis, en plusieurs bras. La diffusion de ses eaux n'a pu jusqu'ici permettre d'établir un pont qu'à environ 4 kilomètres du rivage, et à 3 de la route impériale.

3° *La rivière de Sainte-Suzanne*, qui traverse cette localité, et dont on admire, à quelque distance du quartier, la magnifique chute d'eau, qui a 48 mètres d'élévation. C'est la seule rivière qui permette une promenade en bateau l'espace de 2 ou 3 kilomètres.

4° *La rivière du Mât*, qui a sa source dans les mornes de Salazie, débite les eaux de ce cirque et des pentes voisines. Son courant est rapide, le passage souvent dangereux.

5° *La rivière des Roches*, dont le pont a été emporté plusieurs fois et qui vient d'être reconstruit, a un cours lent qui rappelle celui des rivières d'Europe.

6° *La rivière des Marsouins* prend sa source au milieu de l'île, traverse agréablement la ville de Saint-Benoît, et déverse à la mer toutes les eaux de la plaine des Salazes.

7° *La rivière de l'Est*, la plus turbulente de toutes, a sa source au bas de la plaine des Sables. Son pont, qui était le plus beau de la colonie, a été emporté en 1860.

82. *D.* Quelles sont les principales rivières de la Partie-sous-le-Vent.

R. Les principales rivières de la Partie-sous-le-Vent sont celles des Galets, de Saint-Étienne et du Rempart.

1° *La rivière des Galets*, qui sert d'écoulement à toutes les eaux du cirque du même nom et à celles des pentes du Gros-Morne et des mornes de Fourche, dont la source est située dans les montagnes, fertilise une partie des habitations de Saint-Paul. Le passage en devient dangereux pendant l'hivernage, et les communications en sont assez souvent interrompues.

2° *La rivière de Saint-Étienne* débite toutes les eaux du cirque intérieur de Cilaos par le bras de ce nom; toutes celles de l'Entre-deux par le bras de la Plaine, et la plus grande partie de celle de la plaine des Cafres par le bras de Pontho. Les canaux qui en dérivent fécondent les terres de Saint-Pierre et de Saint-Louis.

Comme la précédente, elle n'a pu jusqu'à ce jour recevoir un pont.

3° *La rivière du Rempart* prend sa source dans la plaine du même nom, et traverse Saint-Joseph avant de se jeter à la mer. Autrefois, on y admirait un pont naturel fait d'une seule coulée de laves.

Il existe encore, dans l'une et l'autre parties de l'île, une infinité de petites rivières, ravines ou ruisseaux, mais qui n'ont d'eau, pour la plupart, que dans la saison des pluies. Tels sont, *au Vent :* la Grande-Ravine, la Ravine-à-Jacques, le Butor, Patates-à-Durand, la rivière Sainte-Marie, la ravine des Chèvres, le ruisseau Lavigne, la grande et la petite rivière Saint-Jean, la Ravine sèche, les rivières Saint-François, Sainte-Anne, Sainte-Marguerite et Saint-Pierre, la Ravine glissante, etc.

Sous-le-Vent : la grande et la petite Chaloupe, la ravine à Malheur de la Possession, le Bernica, les Trois-Bassins, la grande et la petite Ravine, celles des Avirons, du Gol, des Cabris, d'Abord, des Cafres, de Manapany, de l'Angevin, etc.

83. D. Quels sont les principaux étangs de la colonie ?

R. Les principaux étangs de la colonie sont : celui de Saint-Paul, qui est le plus considérable, celui du Gol, à Saint-Louis; le grand et le petit étang de Saint-André; la Mare-à-Poule-d'eau, à Salazie ; le Grand-Étang, dans les hauts de Saint-Benoît, etc.

1° *L'Étang de Saint-Paul* qui reçoit les eaux du Bernica et de plusieurs autres ravines, a plus de 16 hectares de superficie. Il est alimenté par une infinité de petites sources qui filtrent à travers les montagnes. Ses eaux sont conduites à la mer par un long canal que borde une belle chaussée ornée d'arbres et de rosiers. Il fourmillait autrefois de poisson, ses *mulets* sont renommés. C'est sur ses bords que s'établirent les premiers colons. On y voit encore des ruines de ces premières habitations.

2° L'*Étang du Gol*, dans la commune de Saint-Louis, d'environ 1,500 mètres de long sur 300 de large est situé entre les pas géométriques et les terres dépendant du château du Gol. Il est très-poissonneux. Sur le territoire de Saint-Louis se trouve encore l'Etang-Salé ; la mer qui pénètre dans les gros temps en fait une saline naturelle.

3° *Le grand et le petit Étang de Saint-André*, entre le Champ-Borne et le Quartier-Français. Le *Grand* est de forme ovale et couvre environ 4 hectares; sa plus grande profondeur est de 7 mètres. L'eau en est douce, mais bourbeuse. Le *Petit*, formé par un ruisseau qui prend sa source sur les pas géométriques, forme dans les grandes pluies, une mare d'environ 1,200 mètres de long sur 15 de large. Ils fournissent l'un et l'autre d'excellents poissons.

4° *La Mare à Poule d'eau* qui paraît n'être qu'un ancien cratère, forme un joli étang de forme circulaire et d'environ 3 hectares et demi de superficie. C'est sur ses bords que vint s'établir en 1831 M. Théodore Cazeau, premier habitant de Salazie.

5° *Le grand Étang* dans les hauts de Saint-Benoît, bordé d'arbres, près de l'ilette à Patience, offre un des plus beaux et des plus pittoresques points de vue de l'intérieur de l'île Bourbon ; il s'étend sur 2 ou 3 kilom.

de long sur 1 de large et il ne s'emplit que pendant les pluies torrentielles de l'hivernage; il atteint alors une profondeur de 25 mètres. Il en est de même des Mares-à-Martin, à *Citron* et à *Gouyaves* dans le cirque de Salazie, des trois mares de l'îlot, des étangs dans le cirque de Cilaos et de plusieurs autres petits étangs ou mares dans l'intérieur et sur le littoral qui se forment dans la saison des pluies, et qui se dessèchent presque tous dans la saison sèche.

« Tous ces étangs vont en diminuant et se comblent de détritus; ils disparaîtront certainement tous dans un temps donné, comme l'ont déjà fait bon nombre dont on trouve des traces, entre autres au Quartier-Français, à la mare de Saint-Denis, dans les hauts de la ville, à l'Hermitage et sur d'autres points. » (L. M.)

84. *D.* L'île de la Réunion ne possède-t-elle pas des sources thermales et minérales?

R. L'île de la Réunion possède plusieurs sources thermales et minérales; les principales sont celles de Salazie, de Cilaos et de Mafatte. Elles sont visitées par diverses catégories de malades, et ont déjà produit des cures remarquables et très-nombreuses.

La colonie possède plusieurs sources thermales. La plus anciennement connue est celle qui se trouve près du Piton des Neiges, au pied du Gros-Morne. Le thermomètre, plongé dans ces sources, marque au bout de 5 minutes 27° et 30° au bout d'un quart d'heure. Cette eau contient du muriate de chaux, du carbonate de soude et de chaux. Elle n'a pu être utilisée, vu la difficulté d'y parvenir.

2° *Les eaux thermales de Salazie* jaillissent par les fissures d'une roche volcanique, sur le bord de la ravine du Bras-Sec, à Hell-Bourg, et à un mètre à peine de distance d'une source d'eau froide et insignifiante. Des travaux d'encaissement exécutés de 1852 à 1853 ont permis d'utiliser toutes les sources en les réunissant en deux canaux. L'eau est distribuée aux buveurs par deux robinets ; un troisième alimente directement le réservoir des bains. L'écoulement de ces eaux est continu et leur volume peu abondant. Les trois robinets fournissent 22 tonneaux dans les vingt-quatre heures. La température de l'eau, au sortir du robinet, est de 32° 5 centigrades. L'usage de ces eaux qui sont alcalines, gazeuses, est fréquemment recommandé par les médecins ; il est généralement efficace dans les affections des voies digestives, les hépatites chroniques, les maladies cutanées, etc. Un établissement thermal y a été fondé, et le village de Hell-Bourg lui doit son existence (1).

Les eaux thermales de Cilaos, dans le bras des étangs, sont, comme celles de Salazie, alcalines, ferrugineuses, acidulées, et ont de nombreuses analogies avec celles de Vichy, du Mont-d'Or, etc. Leur température est de 38° 9 cent. Il suffit de creuser un peu le sable, et l'eau en jaillit en dégageant une grande quantité de bulles. On n'y a pas encore créé d'établissement public, mais les habitants louent des cases aux malades qui ont recours à leurs eaux bienfaisantes.

3° *La source de Mafatte* est située dans le bassin de la rivière des Galets, sur la rive gauche du bras

(1) Voir le Guide hygiénique et médical aux eaux thermales de Salazie, par MM. Petit et Gaudin.

principal, au pied du piton Bronchard; elle n'est abordable que dans la belle saison. L'atelier colonial exécute en ce moment un chemin de cavalier qui en rendra l'accès plus facile et la mettra à vingt-deux heures de la route impériale. La source de Mafatte donne 14 litres par minute et peut fournir 5 à 6 bains par heure. Sa température est de 30°. Elle contient 0 gram. 0,076 de sulfate de sodium. En résumé, l'eau sulfureuse a déjà rendu de grands services dans des affections de la peau et autres, et guérit des maladies rebelles à toute autre médication. Plusieurs autres sources de même nature se trouvent dans le lit du torrent et sont par suite mélangées d'eau froide et presque toujours inabordables; on cite aussi une source de même nature récemment découverte dans les bas de Saint-Gilles.

On trouve ensuite à Bourbon quelques sources pétrifiantes; la principale est celle qui sort de la base des Salazes et qui concourt avec quelques bras avoisinants à former le torrent de la *Roche-Plate;* les eaux s'écoulant en nappe peu rapide déposent une grande quantité de sels calcaires. On trouve dans ce lit assez spacieux des blocs énormes provenant d'agrégations successives, dont une simple tige de pourpier, une fougère ou tout autre végétal ont été les noyaux d'origine.

85. *D.* L'île possède-t-elle des canaux?

R. L'île possède plusieurs canaux de dérivation qui rendent les plus grands services à la culture, à l'industrie et aux populations. Le plus important de ces canaux est celui de Saint-Pierre.

La plupart des cours de la colonie, si terribles dans la saison des pluies, sont, surtout dans la partie sous le vent, sans eau une grande partie de l'année. Plusieurs localités ont obvié à cet inconvénient et à celui de l'encaissement de ces cours d'eau, par des canaux et des conduits exécutés soit par le gouvernement local, soit par les administrations municipales, soit par des propriétaires, et ces travaux particuliers ne sont pas les moins remarquables de tous. Ces canaux servent à l'irrigation de vastes terrains qui restaient incultes par suite du défaut d'eau, mettent en mouvement un bon nombre de machines hydrauliques, et servent aux besoins des villes et bourgs. Celui de Saint-Étienne, établi en 1819, le plus considérable de tous, a puissamment contribué à rendre la commune de Saint-Pierre l'une des plus riches de la colonie. Son développement est de 16,000 mètres. Parmi les canaux particuliers, le plus remarquable est celui construit par M. Olive Lemarchand, sur la rive gauche de la rivière des Galets, et qui lui valut la croix de la Légion d'honneur. La plupart des autres localités de l'île ont aussi leurs canaux. Les trois qui portent leurs eaux à Saint-Denis ne suffisent plus au besoin de la population toujours croissante du chef-lieu, et il est question d'en construire un quatrième dont le point de prise serait au bassin du *Chaudron*. Les immenses avantages qui en résulteraient pour Saint-Denis et sa banlieue font vivement désirer la réalisation de ce projet.

CHAPITRE XI.

Température. — Saisons. — Vents. — Ouragans et Trombes. — Pluies. — Durée du jour. — Crépuscule. — Soleil perpendiculaire sur Bourbon. — Différence des méridiens de Paris et de la Réunion. — Points géographiques situés sur la longitude ou la latitude de l'île. — Antipodes. — Aspect du ciel. — Nuages.

86. *D.* Quelle est la température de l'île Bourbon ?

R. La température de l'île Bourbon est beaucoup plus douce que ne le comporte sa position sous la zone torride. Son climat est un des plus beaux du monde.

Les observations faites à Saint-Denis ont donné un maximum de 33° 50, un minimum de 15° 10, et une moyenne générale de 24° 90 cent. D'ailleurs à Bourbon, comme dans tous les pays de montagnes situés sous les tropiques, le climat varie en quelque sorte suivant l'élévation des lieux, et la température s'abaisse, à mesure qu'on s'élève, d'environ un degré par 200 mètres d'élévation. De sorte que lorsqu'à Saint-Denis on a 28° de chaleur, à midi du jour le plus chaud, on n'aurait que 12° sur le piton des Neiges, qui, du reste, mérite son nom. Il résulte donc de la constitution de la colonie qu'à mesure que l'on s'éloigne du rivage la température devient plus fraiche, les pluies plus fréquentes, les rosées plus fortes. Le climat se modifie sensiblement par distance de 1,000 mètres. Celui donc qui n'aurait qu'à chercher son bien-être pourrait vivre à son gré

6.

dans une température toujours douce en faisant quelques kilomètres vers la mer ou vers la montagne, au *Vent* ou *Sous-le-Vent*, selon les saisons. L'habitant de la colonie peut ainsi choisir sa demeure dans le climat qui lui convient, ce qui est précieux surtout pour les malades : l'hiver, près du rivage, où il ne sentira jamais le froid, et l'été, en s'élevant sur les hauteurs, où il respirera un air frais et salubre, à l'abri des chaleurs excessives. Il peut satisfaire ses goûts, selon qu'il préfère un climat sec ou humide, le calme ou la brise. (G. Azéma.)

87. *D.* Combien distingue-t-on de saisons à Bourbon?

R. On ne compte à Bourbon que deux saisons : l'*hivernage* (de novembre à avril), saison de la chaleur et des pluies, et la belle saison, ou hiver du pays (de mai à octobre), saison du beau temps, de la sécheresse et de la fraîcheur.

L'hivernage est le temps où la mer est généralement belle sur les côtes; mais c'est en même temps l'époque des ouragans, des ras de marée et des avalaisons. L'élévation de la température atteint son maximum.

Dans la saison sèche, le vent, qui souffle du sud-est ou du sud-sud-est, a une plus grande intensité Le baromètre arrive à son maximum de hauteur et le thermomètre à son minimum. La côte est souvent tourmentée par une mer agitée et par des ras de marée qui interrompent les communications entre la terre et les navires. C'est la belle saison, l'hiver du pays, mais hiver bien doux qui rappelle à l'Européen les beaux jours du printemps du midi de la France.

88. *D.* Quels sont les vents qui règnent ordinairement à Bourbon?

R. Les vents qui règnent ordinairement à Bourbon soufflent de l'*est-sud-est* au *sud-sud-est*. C'est ce qu'on appelle les vents alisés ou vents généraux.

Les vents alisés du *sud-sud-est* soufflent presque sans interruption de juin en octobre. Ils frappent à la tête de l'île, balaient le Brûlé, Sainte-Rose, Saint-Benoit, Saint-André, Sainte-Suzanne, Sainte-Marie et Saint-Denis, et s'arrêtent de ce côté au *Gouffre*, situé à 5 kilomètres environ à l'ouest de Saint-Denis ; ils soufflent de l'autre côté sur Saint-Philippe, Saint-Joseph, Saint-Pierre, Saint-Louis, et une partie de Saint-Leu jusqu'au *Portail*. La partie soustraite à l'action des vents alisés ne comprend donc que la Possession, Saint-Paul et Saint-Leu, et n'offre guère qu'une étendue de 55 à 60 kilomètres sur les 207 de développement des côtes. Les vents généraux soufflent à Saint-Pierre avec une force plus grande que sur tout autre point de l'île.

L'île est rafraîchie le matin par la brise de mer ou du large, et le soir par la brise de terre.

89. Dans quelle saison la colonie est-elle éprouvée par les ouragans?

R. C'est pendant l'hivernage qu'ont lieu ces funestes ouragans ou cyclones, dont les effets sont si justement redoutés des habitants et des marins.

Les ouragans, si fréquents dans la région des tropiques, et appelés dans le pays *coups-de-vent*, viennent visiter de temps en temps la colonie, et sont pour elle de vrais fléaux; ils détruisent les récoltes, abattent les fruits, brisent et déracinent les arbres, renversent les maisons, etc. La pluie, qui tombe par torrents, inonde les terrains bas, remplit les ravines et les rivières, qui dans leur cours roulent des rochers énormes, des troncs d'arbres qui obstruent les canaux, souvent renversent les ponts, dégradent les routes, interceptent les communications. Redoutable pour les habitants, l'ouragan l'est plus encore pour les marins; lorsqu'il se déclare, les rades et les côtes de l'île présentent d'imminents dangers aux navires : aussi, pendant cette fatale saison, à la moindre apparence de révolution atmosphérique, les capitaines de ports et surveillants de rades s'empressent-ils de donner le signal d'appareillage.

90. *D.* Qu'est-ce que les ouragans ou cyclones?

R. Les ouragans ou cyclones sont des tourbillons de plus ou moins grand diamètre, dans lesquels le vent augmente de tous les points de la circonférence jusqu'au centre, où règne un calme d'une étendue variable.

Ces tourbillons se meuvent suivant une direction différente pour chaque hémisphère, mais à peu près constante dans chacun d'eux. Voici, d'après le remarquable ouvrage de M. Bridet, sur les ouragans de l'hémisphère austral, à qui nous avons emprunté la définition ci-dessus, les lois particulières pour les cyclones de l'hémisphère sud :

1° Dans leur mouvement de rotation, les vents soufflent de telle manière que tous les points situés au nord du centre éprouvent des vents d'ouest, tous les points situés à l'est du centre reçoivent des vents du nord, tous ceux au sud subissent des vents d'est, et enfin les points qui restent à l'ouest du centre éprouvent des vents de sud.

2° Le tourbillon se met en marche de son point d'origine vers l'ouest-sud-ouest ou le sud-ouest du monde, jusqu'à une certaine latitude ; il descend ensuite vers le sud pour prendre enfin sa direction vers l'est-sud-est ou le sud-est, se mouvant ainsi suivant les deux branches plus ou moins écartées d'une parabole.

91. D. Quels sont les signes indiquant, à la Réunion, l'approche d'un ouragan ?

R. Les signes divers indiquant à la Réunion l'approche d'un ouragan, sont en résumé les suivants : *cirrus*, ras de marée, baisse barométrique, levers et couchers du soleil rouges et cuivrés, calme profond, horizon menaçant, chasse rapide des *nimbus*, et enfin déclaration des premières rafales.

A mesure que l'ouragan s'éloigne, le baromètre remonte, le ras de marée diminue, enfin un orage plus ou moins violent coïncide souvent avec la cessation du météore. Les ouragans, qui sont quelquefois des dizaines d'années sans ravager la colonie, s'y succèdent parfois à quelques jours d'intervalle.

Parmi les ouragans qui ont désolé la colonie, on cite d'abord ceux de 1751, 1772, 1773, 1774, qui furent si violents que la disette devint imminente ; plusieurs plantations de café furent détruites. Celui de 1786 renouvela ces calamités ; la frégate *la Vénus* se perdit pendant la tempête. 1806 fut l'époque d'une nouvelle désolation : les girofleries et les caféries détruites ou ravagées, les eaux de la mer teintes en jaune, des terres entraînées à la mer à plus de 20 lieues de la côte ; on estime que la Rivière des Pluies avait charroyé à elle seule plus de 30,000 cordes de bois des arbres déracinés par l'ouragan et entraînés par les torrents. Mais c'était à l'année 1829 qu'il était réservé de frapper la colonie de sinistres bien plus cruels : outre les dommages considérables qu'éprouvèrent les habitants, on eut à déplorer la perte de 22 navires ; la jetée du Barachois de Saint-Denis, fondée en 1820 par le gouverneur Milius, fut détruite par la violence du ras de marée ; les débris, ramenés vers la côte, ont formé les premiers éléments du quai extérieur qui entoure aujourd'hui le bassin du *Barachois*, où, grâce aux travaux exécutés par les soins de l'administration locale, les caboteurs, les chaloupes et les pirogues trouvent maintenant un abri commode et sûr.

Depuis lors, les années 1834, 1835, 1844, 1850, 1858, 1860 ont été éprouvées ; enfin ceux du 1er et du 2 février 1863, qui ont rappelé les désastres de 1829.

Les ouragans de l'île de la Réunion, quelle que soit leur violence, n'approchent pas cependant de ceux dont les Antilles ont à souffrir, car ils ne sont jamais accompagnés de ces épouvantables tremblements de terre dont la Guadeloupe fut victime en 1843. Néanmoins, ils font parfois tant de mal que, chaque année, l'époque où l'on peut les craindre est toujours pénible à passer. La Providence, qui a voulu que ce bas monde fût partout pour l'homme un champ d'épreuve, a sans doute permis ces désastres périodiques pour contre-balancer les chances heureuses que présente la luxuriante fertilité du sol.

A cette réflexion de M. Voïart, ajoutons celle-ci, de M. Bridet : « A la vue de ces météores qui se représentent chaque année et poursuivent leur carrière en ravageant les pays sur leur passage, n'est-il pas permis de supposer que ces terribles fléaux ont à accomplir une mission marquée à l'avance dans les décrets de la Providence ?

» En admettant cette supposition, il reste à se demander pourquoi tant de désastres chaque année, et quel en est le but final.

» La saison de l'hivernage serait la ruine des moissons de la zone torride, si des pluies fréquentes ne venaient tempérer le climat des contrées brûlantes ; il fallait donc que l'eau vaporisée par le soleil dans les régions équatoriales, vînt se déverser sur les pays intertropicaux ; c'est là la raison d'être des cyclones. Ce sont les moteurs destinés à nous conduire les pluies indispensables à nos climats, c'est au passage de ces cyclones au loin que nous devons ces pluies torrentielles qui nous fournissent ces grandes masses de sels ammoniacaux, d'acide carbonique et d'électricité si favorables à la végétation ; pluies bienfaisantes et dont l'action salutaire parvient souvent à réparer les désastres causés par le parcours du centre d'un ouragan.

» Si l'on tient compte des bienfaits qui en résultent, si l'on est bien pénétré de cette vérité que des cyclones sillonnent nos mers en grand nombre, tandis que très-peu frappent les lieux habités, on arrive à se dire que, comme chaque chose ici-bas, les cyclones ont leur but utile qui dépasse de beaucoup les effets désastreux qui en résultent quelquefois, et qu'il serait bien fâcheux que ces météores vinssent à cesser tout à coup.

» Un jour viendra peut-être où, tout en profitant des pluies favorables des cyclones passant au loin, on parviendra à détourner ou du moins à amoindrir les calamités qui accompagnent ceux que leur route dirige sur un pays habité. »

92. *D.* Les pluies sont-elles abondantes à la Réunion?

R. A la Réunion, les pluies sont très-variables selon les points de sa surface d'où on les observe : énormes dans l'intérieur, elles sont souvent abondantes dans la *Partie-du-Vent,* tandis que la *Partie-sous-le-Vent,* Saint-Leu et Saint-Paul surtout, souffre plusieurs mois de la sécheresse.

D'après les observations faites, les pluies égalent à Saint-Denis une moyenne annuelle de 1^m,685, tandis qu'à Saint-Benoît cette couche serait de 4^m,124. Le minimum des pluies a lieu en mai, juin, juillet et août ; le maximum, en décembre, janvier, février et mars ; et on estime que pendant cette dernière période, la quantité d'eau qui tombe du ciel s'élève alors, en moyenne, aux neuf-dixièmes de la totalité d'eau tombée pendant l'année.

Complétons les notes météorogiques, sur la colonie, en disant sommairement : 1° L'hygromètre à cheveu, de Richer, a donné pour terme moyen de l'humidité atmosphérique de Saint-Denis, 79°.

2° L'évaporation à l'ombre, d'après des observations continuées pendant cinq années, a donné une moyenne annuelle de 139 centimètres.

3° Le baromètre se tient généralement à 764^m,5. Le tonnerre s'y fait entendre assez fréquemment, et la foudre y tombe quelquefois.

4° Dans la saison froide on voit assez souvent de la neige sur les plus hautes montagnes ; mais elle n'y séjourne pas longtemps, même au bord de la mer on a vu, mais rarement, tomber de la grêle.

5° Sur plusieurs montagnes, on recueille de la glace ; le plus fréquenté de ces glaciers est celui du *Grand-Bénard*, dans les hauts de Saint-Paul, d'où l'on tire toute l'année la glace qui sert à préparer les sorbets, qui font les délices des gourmets de Saint-Denis et de Saint-Paul.

6° Les tremblements de terre sont rares et faibles à Bourbon ; on ne cite guère que celui de 1704, qui fut ssez violent, d'après les notes de M. Davelu ; celui de 1751, qui fit craquer toutes les maisons de l'île, et endommagea considérablement l'église de Saint-André ; enfin celui du 6 janvier 1863.

7° L'inclinaison moyenne de l'aiguille aimantée, d'après les observations faites en 1848 par M. Cloué, alors lieutenant de vaisseau, est de 12° 38' ouest ; elle était, en 1614, de 22° 48', et en 1722, de 19° 46'.

93. *D.* Quels sont les jours les plus longs à Bourbon ?

R. Les jours les plus longs à Bourbon sont ceux du solstice de décembre.

Le 22 décembre, le soleil se lève à 5 h. 21' 48" ; il se couche à 6 h. 38' 12" : ce qui donne une durée de 13 h. 16' 24".

94. *D.* Quels sont les jours les plus courts ?

R. Les jours les plus courts sont ceux du solstice de juin.

Le 22 juin, le soleil se lève à 6 h. 38' 12" ; il se couche à 5 h. 21' 48" : ce qui donne une durée de 10 h. 43' 36"

Il résulte de ces données qu'à Bourbon, la longueur des jours et des nuits est à peu près la même pendant toute l'année. Dans les ateliers bien organisés, il est donc facile d'obtenir toujours dix heures de travail, en donnant seulement une heure et demie de repos dans les jours courts, qui se trouvent dans la saison fraîche, et en laissant dans l'autre saison jusqu'à trois heures et demie de repos, dans les heures les plus chaudes de la journée.

95. *D.* Quelle est la durée moyenne du crépuscule, à la Réunion?

R. La durée moyenne du crépuscule, à la Réunion, est de 1 heure 26 minutes.

Le plus long crépuscule, 22 décembre, est de 1 h. 29'.
Le plus court, 22 juin, est de 1 h. 23'.
On a remarqué qu'ordinairement on ne peut lire en plein air que durant environ une demi-heure après le coucher du soleil.

96. *D.* A quelle époque le soleil est-il perpendiculaire sur la Réunion?

R. Le soleil est perpendiculaire sur la Réunion les 15 et 16 janvier, et les 26 et 27 novembre. Il n'y a pas d'ombre à midi.

97. *D.* Quelle avance l'île de la Réunion a-t-elle sur l'heure de Paris?

R. L'île de la Réunion étant située par le 53° de longitude est, du méridien de Paris, a toujours 3 h. 32' en avance sur la capitale de la France; c'est-à-dire qu'il est 3 heures 32 minutes à la

Réunion, tandis qu'il n'est encore que midi à Paris.

98. *D.* Nommez quelques points géographiques situés sur le même méridien que l'île de la Réunion.

R. Au nord, les Seychelles, l'est de l'Arabie-Heureuse, la Perse, le Turquistan, l'extrémité est de la Russie d'Europe et la Nouvelle-Zemble sont situés par le même méridien que l'île de la Réunion, ainsi que la terre d'Enderby dans l'océan Glacial arctique.

99. *D.* Nommez quelques points géographiques situés sur la même latitude que la Réunion.

R. La Nouvelle-Hollande, la Nouvelle-Calédonie, à l'est; Madagascar, le canal de Mozambique, la Cafrerie, la Cimbébasie, le Brésil, le Paraguay, la Bolivie, le Pérou, les archipels Gambier, Pomoutou, Taïti, Cook, Tonga, à l'ouest, sont sous la même latitude que la Réunion.

100. *D.* Où sont placés les antipodes de l'île de la Réunion?

R. Les antipodes de l'île de la Réunion sont placés dans le grand Océan, un peu au-dessous du tropique du *Cancer*, au sud-ouest des îles Revilla-Gigedo, situées à 500 kilomètres ouest des côtes du Mexique.

101. *D.* Quel est l'aspect du ciel, à l'île Bourbon?

R. Dans la partie de l'île où le ciel est presque toujours pur et sans nuages, Saint-Denis, Saint-

Paul, et jusqu'à Saint-Pierre, pendant la nuit, la voûte étoilée présente le plus beau des spectacles, et qui ne peut se contempler que dans nos latitudes.

La partie du ciel qui comprend les constellations du Sagittaire, du Scorpion et de la Balance, qui de là se dirige vers le Loup, le Triangle, le Centaure, la Croix du Sud, le Navire, le Grand-Chien et Orion, est couverte d'étoiles, dont un bon nombre sont de la plus brillante clarté. Toutes les belles constellations du ciel étoilé sont visibles sur notre horizon; il n'y a que la Petite-Ourse, quelques étoiles du Dragon et de Céphée qui n'y paraissent pas. — Les trois belles constellations le Centaure, la Croix du Sud et le Navire, ne sont pas vues d'Europe, sinon quelques étoiles du Centaure et du Navire.

102. D. Que remarquez-vous par rapport aux nuages?

R. Les nuages, à Bourbon, sont généralement bas, et enveloppent presque toute la journée les crêtes des montagnes, qui ne se découvrent qu'aux heures des vents de terre.

Pourtant il n'est pas rare de voir ces nuages persister toute la nuit; ils font alors, pour le touriste qui se trouve sur un des points les plus élevés, l'effet d'une mer de brume, dont la surface n'est que légèrement ondulée, et d'où sort, le matin, un soleil resplendissant qui éclaire, comme un groupe d'îles, les sommets du piton des Neiges, du volcan, du Grand-Bénard, et d'autres points plus ou moins nombreux, selon que la couche de nuages est plus ou moins élevée. Dans ce cas, on voit aussi quelquefois l'île Maurice, qui apparait à l'horizon comme une terre de feu.

Pendant la saison des brumes, qui se forment souvent avec une rapidité effrayante, et changent en quelques minutes l'atmosphère la plus pure en un brouillard intense, le voyageur attardé dans l'intérieur éprouve malgré lui, et au début, lorsque le vent chasse de son côté les premiers flocons qui se forment, un sentiment indéfinissable, surtout quand il voit s'avancer à sa rencontre ces masses blanches qui ont un aspect presque solide. Heureux alors s'il a des effets de campement, et surtout de quoi faire du feu ; car il court risque de succomber en quelques heures dans cette atmosphère humide, par une température d'environ 5 degrés et quelquefois davantage, à ce que les gens du pays appellent la crampe. Celui qui se trouve ainsi enveloppé par des brumes éprouve le besoin de se pelotonner et de s'endormir ; il devient presque incapable de tout mouvement et meurt, si un compagnon plus courageux ne le force pas, malgré lui, à s'agiter et à se mouvoir constamment, le mouvement étant le seul remède à employer pour résister à l'action énervante du froid humide des régions supérieures des montagnes et des plateaux de l'intérieur.

A Bourbon, au bord de la mer, on ne voit jamais de brouillards.

(*Notes sur Bourbon.*)

CHAPITRE XII.

Habitations. — Culture. — Sucreries. — Épices. — Vanille. — Cultures diverses. — Fruits. — Forêts. — Jardin botanique et muséum. — Animaux de trait et de bétail. — Règne animal. — Routes.

103. *D.* Qu'appelle-t-on *habitation*, à Bourbon?

R. L'habitation comprend, à Bourbon, ce qu'en Europe on appelle ferme, maison de campagne, etc.

Les propriétaires d'habitations, et particulièrement les personnes qui habitent la campagne, sont désignés sous le nom d'*habitants*.

104. *D.* Le sol de Bourbon est-il fécond?

R. Le sol de Bourbon est d'une fécondité rare, et propre aux cultures d'Europe et à celles de la zone torride.

La terre livrée à la culture, provenant de détritus de laves, de basaltes et de débris de végétaux, y est généralement fertile; il faut pourtant en excepter encore quelques plateaux où dominent des argiles et des pouzzolanes plus ou moins vitrifiées, contenant en moyenne 35 p. 100 de péroxyde de fer, et fournissant d'excellentes ocres pour la peinture. Les divers climats formés par les montagnes rendent la colonie aussi favorable aux productions d'Europe qu'à celles qui sont particulières à la zone torride.

105. *D.* De quelle culture s'occupe-t-on spécialement aujourd'hui ?

R. On s'occupe spécialement, aujourd'hui, à la Réunion, de la culture de la canne à sucre.

La culture de la canne à sucre, si négligée encore il y a cinquante ans, prit un sérieux accroissement vers 1820, et a été depuis toujours en se développant, tandis que la culture du blé, du riz, du café, du girofle, etc., diminue d'une année à l'autre.

Vers 1800, la colonie récoltait en kilogrammes environ 4 millions de blé, 2 millions de riz, 10 à 12 millions de maïs, 4 millions de café, 100,000 de girofle, et l'on ne trouve plus, pour 1861, que 11,500 kil. en blé, 62,200 en riz, 412,000 en café, 500 en épices. La récolte du maïs s'est maintenue à environ 12 millions de kilogrammes; celle du sucre en a atteint 74 millions.

106. *D.* Combien la colonie compte-t-elle de sucreries?

R. La colonie (1862) compte 116 sucreries, dont 14 à eau et 102 fonctionnant à la vapeur.

Au 31 décembre 1862, la colonie comptait en habitations rurales, outre les sucreries, 382 caféries, 30 girofleries, 7,438 cultures diverses, 22 guildiveries, 6 moulins à blé et 5 scieries. La valeur approximative des bâtiments et du matériel de ces exploitations était estimée 48,754,300 fr.

107. *D.* Les épices sont-elles bien cultivées à la Réunion?

R. Les épices, qui donnaient autrefois de beaux

produits à la Réunion, sont tout à fait négligées aujourd'hui.

La culture des épices, telles que girofle, noix muscade, cannelle, poivre, gingembre, etc., est sans importance ; il en est de même du coton, qui, avant d'être détrôné par le *Sea-Island*, passait pour le plus beau coton du monde, et dont on exportait encore près de 50,000 kil. en 1816.

108. *D.* Quelle nouvelle culture a été récemment introduite dans la colonie ?

R. C'est la culture de la vanille, qui a été récemment introduite dans la colonie ; elle y donne déjà de beaux produits.

Le vanillier fut introduit à Bourbon, en 1817, par M. Lemarchant, ancien ordonnateur ; M. Fréon en fut le propagateur ; mais ce ne fut que lorsque le créole Edmond, jardinier de M. Bellier-Beaumont, de Sainte-Suzanne, eut découvert le moyen de féconder artificiellement les fleurs de cette précieuse plante, qu'on s'occupa sérieusement de la culture de la vanille. C'est particulièrement à cette découverte que l'on doit l'accroissement de cette culture jusque-là stérile dans la colonie. Ce fut vers 1848 qu'on commença à s'en occuper sérieusement ; et cette année, la colonie expédia en France 50 kilogrammes de gousses de vanille préparées. En 1861, la production a été de 3,881 kilog., estimés à 100 fr. le kilogramme ! celle de 1862, de 11,427 kilogr. Malheureusement, le prix de la vanille ne s'est pas maintenu. Il a été question aussi, en ces derniers temps, de la culture du thé, et les essais faits par divers propriétaires, et en particulier par M. de Châteauvieux, maire de Saint-Leu, promettent de nouvelles richesses au pays.

109. *D.* Les plantes céréales réussissent-elles bien à Bourbon?

R. Toutes les plantes céréales réussissent bien à Bourbon. Il en est de même des racines, des légumes, du jardinage et des fleurs.

Le blé et le riz, dont la culture a presque entièrement disparu de la colonie, donnaient encore, au commencement de ce siècle, un produit de plusieurs millions de kilogrammes. Outre l'alimentation de la colonie, on en approvisionnait l'Ile de France et les escadres françaises qui y stationnaient. Aujourd'hui la colonie est obligée de tirer du dehors, et particulièrement de l'Inde et de Madagascar, son approvisionnement de grains nourriciers.

Le maïs, la patate, le manioc, le cambare et les songes, appelés *vivres du pays*, donnent d'assez beaux produits. Il en est de même du tabac, de la pomme de terre, etc.

Quant aux légumes et au jardinage, grâce aux variétés de climat que nous avons signalées, on peut en avoir de frais toute l'année.

110. *D.* Les fruits sont-ils abondants à Bourbon?

R. Les fruits sont abondants à Bourbon, et la colonie en donne toute l'année.

Parmi ces fruits qui parent les campagnes et font les délices des habitants, les uns sont venus de la Chine, des Indes et du Cap, quelques-uns même d'Europe et d'Amérique ; d'autres, originaires du pays, mais améliorés par la culture, paient un doux tribut à la colonie : citons l'ananas, surnommé le roi des fruits, la mangue, dont les nombreuses variétés se partagent les goûts, le mangoustan, si délicat, le letchi aux grappes élégantes, l'ate ou anone, si savoureuse, l'utile figue-banane, toujours en rapport, l'avocat, surnommé le beurre végétal, le raisin, dont on fait deux récoltes par an, l'orange, la vancossaye, la mandarine, le citron, la grenade, la pêche, le coing de Chine, la bibasse, le coco, la datte, le fruit à pain, le melon, la pastèque, la framboise, la fraise, etc. ; puis, dans un ordre moins estimé, la papaye, le cœur-de-bœuf, la goyave, le jacque, le mambolo, la lime, la pamplemousse, la prune de Madagascar, etc. En voilà suffisamment, comme dit M. Voïart, sinon pour faire oublier les fruits de la mère-patrie, au moins pour dédommager de leur privation. Du reste, Bourbon produit à peu près tous les fruits d'Europe, qu'on y cultive.

En 1854, les produits nets et annuels de la culture avaient été estimés à 22 millions de francs ; en 1861, on les a estimés à 30,586,329 fr. Mais, par suite de la maladie de la canne, et de la baisse du prix du sucre, la valeur totale des produits nets de la culture n'est que de 23,687,651 fr.

111 D. L'île est-elle riche en forêts ?

R. L'île, à sa découverte, n'était pour ainsi dire qu'une immense forêt qui s'étendait du bord de la mer jusqu'à la région des Calumets ; mais aujourd'hui on ne retrouve guère de forêts que dans l'intérieur de la colonie.

L'île Bourbon était tellement boisée, que le capitaine du navire anglais *la Perle*, qui la visita en 1613, la désigna sous le nom de *Forêt-d'Angleterre*, nom que lui conservent tous les anciens auteurs de cette nation. Il est à regretter qu'on ne se soit pas contenté d'exploiter avec sagesse les forêts magnifiques qui couvraient le sol de la colonie, forêts que l'on n'a pas seulement abattues, mais dans lesquelles on a fait passer le feu pour en détruire le dernier germe ; aussi, sauf quelques régions privilégiées, le bois, surtout celui de construction, devient de plus en plus rare.

La Colonie compte environ quarante espèces de bois propres aux constructions et aux arts. Les arbres les plus communs sont les nattes à grandes et à petites feuilles, les tamarins des hauts, le tân rouge, le takarnaaka, le benjoin, le filaos, le tamarinier, le bois noir, le bois de fer, le bois blanc, etc. L'acacia de la Nouvelle-Hollande (*acacia dealbata*), introduit dans la colonie, il y a une vingtaine d'années, par le docteur Bernier, semble être appelé à exercer la plus heureuse influence sur le reboisement des montagnes.

On estime encore à environ 50,000 hectares le sol de la colonie occupé par les bois des forêts, qui sont généralement plus utiles que la culture qu'on pourrait y substituer; car ces forêts retenant les eaux, garantissent à l'île l'humidité indispensable à la végétation, et ont ainsi une heureuse influence sur la salubrité du climat. Aussi l'Administration, pour conserver les forêts qui restent et rétablir une partie de celles qui ont été détruites inconsidérément, a-t-elle, dans ces derniers temps, organisé le service des *Eaux-et-forêts*.

« Dans le lit même du volcan, au milieu du Grand-

Brûlé, les forêts forment des bouquets épargnés par la lave, et le voyageur y jouit d'une fraîcheur qu'il apprécie d'autant mieux qu'il vient de traverser des contrées plus ou moins récentes où il a, quel que soit le temps, éprouvé une chaleur excessive, augmentée encore par l'aspect désolé du sol qu'il a parcouru. (L. M.) »

112. *D.* La Colonie ne possède-t-elle pas un jardin botanique ?

R. La Colonie possède un beau jardin botanique à Saint-Denis et un jardin d'acclimatation à Saint-François, à la maison de campagne du gouverneur.

Outre les belles promenades qu'offre le Jardin botanique, on y voit beaucoup de plantes, d'arbustes et d'arbres précieux, tant indigènes qu'exotiques, et le Muséum d'histoire naturelle, créé en 1854, qui offre déjà de belles collections à la curiosité des visiteurs, et des ressources nombreuses et variées aux naturalistes.

113. *D.* Quelle est la superficie des terres cultivées?

R. On estime approximativement les terres défrichées à 100,000 hectares, dont 45,000 hectares sont consacrés à la culture de la canne à sucre.

Les terrains incultivables ou couverts de forêts qu'il est bon de ne pas déboiser sont estimés à 100,000 hectares ; il reste donc près de 30,000 hectares qui n'attendent que des bras et de l'industrie pour donner de grands revenus : car, comme on l'a déjà vu, la superficie totale de la colonie est de 228,000 hectares.

114. D. Où se trouvent les terres à défricher?

R. Les terres à défricher se trouvent particulièrement à Salazie, à Cilaos, à l'Entre-Deux, à la Plaine des Palmistes, à la Plaine des Bellous, etc. Le gouvernement local, pour en faciliter l'exploitation, y accorde des concessions.

115. D. L'élève des animaux de trait et de bétail ne laisse-t-il rien à désirer?

R. L'élève des animaux de trait et de bétail est à peu près nul à la Réunion, qui, sous ce rapport, est encore forcée de s'approvisionner au dehors.

Au 31 décembre 1862, il existait dans la colonie : 3,990 chevaux, 909 ânes, 8,960 mulets, 6,248 bœufs et taureaux, 5,833 béliers et moutons, 13,750 boucs et chèvres, 47,527 porcs, généralement élevés dans le pays.

Valeur approximative du capital employé aux cultures, au 31 décembre 1862 :

Terres employées aux cultures. . . .	196,510,229 fr.
Bâtiments et matériel d'exploitation,	49,746,430
Animaux de trait et de bétail. . . .	16,715,180
Valeur totale. . .	262,971,839 fr.

116. D. Les espèces du règne animal sont-elles bien variées à la Réunion?

R. Les espèces du règne animal ne sont pas trop variées à la Réunion : les mammifères et le peu d'oiseaux et d'insectes qui s'y trouvent y ont pour la plupart, été introduits de Madagascar et de l'Inde.

On ne connaît point d'animaux féroces à Bourbon; on trouve seulement au centre de l'île quelques rares chèvres sauvages.

117. *D.* La Colonie est-elle bien dotée en routes?

R. Outre les routes communales et les chemins particuliers fort nombreux, la Colonie est dotée d'une belle route impériale, dite de *Ceinture*, achevée en 1854 et ayant au développement 232 kilomètres.

La route impériale fait le tour de l'île, s'éloigne généralement peu de la mer; un service régulier de messageries s'y fait journellement. Des ponts, dont plusieurs suspendus ou composés de hardies travées, en charpente, font presque partout franchir les cent et quelques torrents qui descendent des montagnes et se jettent à la mer.

Au-dessus de cette magnifique route il en existe une autre, en partie exécutée et qui se poursuit avec activité, et qu'on appelle *Route-Henri-Delisle*. Elle formera une seconde route de ceinture à plusieurs kilomètres du littoral. L'utilité de cette nouvelle voie de communication se fait de plus en plus apprécier par le développement des riches cultures qui l'environnent.

Le *Chemin-de-la-Plaine* traverse l'île dans toute sa largeur, aboutit à Saint-Pierre et à Saint-Benoît, reliant ainsi la *Partie-du-Vent* à la *Partie-sous-le-Vent*. Achevé dans toute sa longueur, le Chemin-de-la-Plaine donnera une grande valeur à la *Plaine-des-Palmistes* et à celle *des Cafres*.

Une route de Saint-Denis à la Possession, par le littoral, est en cours d'exécution. La distance de ces localités, qui est par la montagne de 34 kilomètres, ne sera, par le littoral, que de 12.

Il a été aussi question de doter la colonie d'un chemin de fer et d'un télégraphe électrique, et même de la mettre en communication avec Maurice par un télégraphe *sous-marin*. (Voir, dans l'appendice, l'itinéraire des routes de la colonie, p. 223.)

CHAPITRE XIII.

Population. — Langues. — Instruction publique.

118. D. Quelle est la population de la Colonie ?

R. La population de la Colonie est d'environ 200,000 habitants, dont plus de 70,000 travailleurs immigrants.

D'après un tableau officiel, publié le 27 août 1862, la population recensée de la colonie était de 182,582 âmes ; en ajoutant à ce chiffre la population flottante et celle qui ne se recense pas, on obtient, pour la population totale de la colonie, environ 200,000 âmes, soit 87 habitants par kilomètre carré. En ne comprenant que la population recensée, on trouve encore 80 habitants par kilomètre. Si, comme les géographes le disent, un pays est réputé mal peuplé quand il n'a pas 15 habitants par kilomètre carré, peuplé quand il en a de 15 à 30, et fortement peuplé quand il en a davantage, l'île de la Réunion, en ne considérant que sa population relative, est donc très-peuplée.

L'Empire Français, qui passe avec raison comme un des Etats les mieux peuplés, ne donne qu'environ 68 habitants par kilomètre carré; quatre ou cinq Etats d'Europe en donnent plus, et tous les autres moins. Les départements : Alpes-Maritimes, Lozère, Basses-Alpes et Hautes-Alpes ont une population absolue inférieure à celle de l'île de la Réunion.

119. *D.* Quelle langue parle-t-on à la Réunion?

R. La langue française est parlée correctement par ceux qui ont reçu une certaine éducation, plus ou moins par les autres, comprise par tous les habitants, même par les immigrants qui sont dans le pays depuis quelques années.

Les habitants qui n'ont pas reçu de l'éducation et les autres, par goût et dans la familiarité, parlent le *créole*, formé de français altéré, mêlé à une foule de termes de marine et d'expressions empruntées aux langages cafre, indien, malgache, etc. C'est, comme on dirait en France, le patois du pays, et il varie selon la classe qui le parle. Quant aux immigrants, ils parlent entre eux l'idiome de leur pays, malgache, cafre, indien, chinois, etc.

Le patois créole est un langage imagé et naïf; s'il n'est pas riche par le nombre des expressions, il l'est certainement par la variété des intonations, qui changent quelquefois du tout au tout la valeur du mot prononcé.

Rien n'est plus doux, dit M. Héry : c'est le langage du cœur ! Que ne disent pas les expressions : *heu heu*, ou *un un*, ou *en en*, que nos caractères se refusent de représenter ! « Véritable Protée, a dit M. Maillard, ce double son dit tout ou ne dit rien ; il est susceptible de toutes les significations, et sert à l'interrogation, au doute, au mépris, à l'admiration, à la négation, etc. Qui ne sent tout le prix d'un mot pareil ?... A côté de *heu heu*, il faut placer le *comme ça même*, locution admirable, charmante, mais inexplicable, qui tient lieu de toute explication difficile à donner. — Pourquoi as-tu fait cela ? — *Comme ça même*. Cela veut dire : Je ne sais pas trop, sans but arrêté, ou : Je n'ai pas envie de le dire. »

M. Héry, qui connaissait le *créole* comme le français, qui en savait les tours et les finesses, et les employait le plus heureusement du monde, a laissé, dans ses *Esquisses africaines*, des morceaux de *créole* en prose et en vers fort estimés; on en trouvera un spécimen à la fin du volume.

120. D. Quel est l'état de l'instruction publique, à la Réunion?

R. L'instruction publique, si négligée il y a une quarantaine d'années, à la Réunion, a pris, depuis l'émancipation surtout, un grand développement.

Actuellement, la Colonie possède un lycée impérial, un collége diocésain, deux colléges ecclésiastiques, plusieurs institutions et pensionnats, de nombreuses écoles gratuites pour les enfants des deux sexes, des classes pour les adultes, des ouvroirs, des salles d'asile, des cours publics et gratuits et une école professionnelle et agricole. En tout, plus de cent maisons d'éducation, dont la plupart ont le caractère d'établissements publics. Environ huit mille élèves fréquentent ces divers établissements, ce qui donne un enfant élevé sur vingt-cinq habitants de la population absolue de l'île; mais en ne comprenant que la population proprement dite, on trouve un élève sur seize habitants. En France, on compte un élève sur dix habitants; treize Etats d'Europe présentent un résultat encore plus satisfaisant; sous ce rapport, la Colonie se trouve placée entre l'Angleterre, qui en compte un sur douze habitants, et l'Espagne, qui n'en compte qu'un sur vingt-quatre.—Neuf autres États en comptent encore moins; la Russie, par exemple, ne compte qu'un enfant élevé sur quatre-vingt-douze habitants, et la Turquie un sur quatre cents.

La Colonie possède aussi plusieurs bourses aux écoles d'Arts et Métiers de France, à l'École centrale, à celle d'Alfort et autres écoles spéciales.

121. *D.* Par qui est surveillée l'instruction publique, à la Réunion?

R. L'instruction publique est surveillée, à la Réunion, par une commission centrale et un inspecteur, chef de service, résidant à Saint-Denis.

La commission centrale siége au chef-lieu de la Colonie; le président de la Cour impériale en est président, l'inspecteur, vice-président; Mgr l'évêque, M. le maire de Saint-Denis et le médecin en chef de la Colonie en sont membres de droit; trois autres membres, nommés par le Gouvernement, complètent la commission. Chaque commune a un comité local, correspondant avec la commission centrale. Il existe aussi à Saint-Denis un comité d'examen pour la délivrance des diplômes et des brevets de capacité, et une commission d'examen pour les baccalauréats ès-lettres et ès-sciences. En un mot, sous le rapport de l'instruction publique, la Colonie a peu à envier aux départements de la métropole.

CHAPITRE XIV.

Religion. — La Colonie préfecture apostolique. — Erection de l'Evêché de Saint-Denis. — Chapitre cathédral. — Séminaire. — Division actuelle du diocèse. — Archidiaconés, 9 cantons, 50 paroisses. — Congrégations religieuses établies dans le diocèse. — Associations et confréries.

122. D. Quelle est la religion professée à la Réunion ?

R. La religion catholique est la seule professée publiquement à la Réunion.

Sauf quelques affranchis de 1848 qui n'ont pas encore reçu le baptême, la population proprement dite est catholique ; les travailleurs immigrants, Indiens, Chinois, Africains, sont généralement païens ou idolâtres, et la plupart n'étant pas dans l'intention de se fixer dans la colonie, se décident difficilement à embrasser le christianisme; pourtant, là où l'on peut s'occuper de l'évangélisation de ces pauvres gens, les conversions ne sont pas rares, surtout parmi les Africains.

« Il est de toute évidence qu'à l'île de la Réunion, a dit Mgr Maupoint, le sentiment national est profondément religieux, qu'on y aime l'église, le prêtre, les cérémonies religieuses. » Ce sentiment se développe de plus en plus, depuis que la Colonie a été érigée en diocèse, et que les églises et les prêtres se multiplient sur son sol, pour répondre aux besoins des populations.

123. D. Quelle était l'organisation du culte catholique avant l'érection de l'évêché de Saint-Denis?

R. Avant l'érection de l'évêché de Saint-Denis, la Colonie n'avait pas d'évêque particulier, c'était Notre Saint-Père le Pape qui en tenait lieu et qui la gouvernait par le ministère d'un préfet apostolique.

Le préfet apostolique et les prêtres qui travaillaient sous ses ordres recevaient du siége apostolique leur mission, c'est à-dire, les pouvoirs nécessaires pour exercer légitimement le saint ministère; c'est pourquoi on leur donnait le titre de missionnaires apostoliques.

Les premiers colons français qui s'établirent à Bourbon y apportèrent la religion de leurs pères, et la Colonie n'avait encore que quelques cases, que le service religieux s'y faisait dans une modeste église, édifiée sur les bords de l'étang de Saint-Paul et dédiée à l'Immaculée Conception. Lorsque, en 1715, les Lazaristes, à qui le Saint-Siége venait de confier la mission de Bourbon, arrivèrent dans la Colonie, l'île avait déjà trois paroisses, Saint-Paul, Saint-Denis et Sainte-Suzanne; en 1851, le nombre des paroisses n'était encore que de treize; aujourd'hui, la Colonie en compte cinquante. Le préfet apostolique, placé à la tête de la mission, était en même temps vicaire général de Paris, car l'archevêque de la capitale avait reçu du Saint-Siége juridiction sur toutes les colonies françaises.

124. D. En quelle année la Colonie a-t-elle été érigée en diocèse?

R. C'est en 1850, sur la demande du Gouvernement français, que Sa Sainteté Pie IX a érigé la Colonie en diocèse, désignant Saint-Denis pour siége du nouvel évêché suffragant de la *métropole de Bordeaux*.

Le gouvernement spirituel des colonies françaises a été confié, jusqu'en 1850, à des préfets apostoliques dont le caractère était insuffisant. Les préfets apostoliques avaient, à la vérité, des pouvoirs fort étendus, mais ils ne pouvaient conférer les ordres. Ils nommaient aux cures et dirigeaient les ecclésiastiques placés sous leur dépendance. La religion souffrait de cet état incomplet de l'administration spirituelle. Le Gouvernement le comprit et, sur sa demande, le Saint-Siége érigea les évêchés de Saint-Denis, à l'île Bourbon; de Basse-Terre, à la Guadeloupe; de Saint-Pierre et Fort-de-France, à la Martinique. Ces trois diocèses, en raison de la situation et des circonstances particulières où ils se trouvent, ont été donnés comme suffragants à l'Église métropolitaine de Bordeaux, qui avait déjà Agen, Angoulême, Poitiers, Périgueux, la Rochelle et Luçon.

Les autres colonies françaises, c'est-à-dire la Guyane, Saint-Pierre de Miquelon, le Sénégal et l'Inde, les possessions françaises de Madagascar et de l'Océanie, continuent à être administrées par des préfets apostoliques,

Pour compléter l'organisation du diocèse de Saint-Denis et l'assimiler à ceux de France, il reste à ériger un chapitre et un séminaire diocésain.

125. *D.* Quel est le séminaire qui fournit actuellement des prêtres au diocèse ?

R. C'est le séminaire colonial du Saint-Esprit, à Paris, qui fournit des prêtres au diocèse de Saint-Denis et aux autres colonies françaises.

Le clergé qui exerce le saint ministère dans les colonies françaises se recrute des élèves formés au séminaire des Colonies, à Paris, comme aussi de quelques ecclésiastiques des diocèses de France, agréés soit par les évêques des colonies, soit par le supérieur général de la congrégation du Saint-Esprit et du Saint-Cœur de Marie. Les sujets acceptés par eux sont ensuite inscrits sur le cadre, en vertu d'une décision du ministre de la marine et des colonies, qui leur accorde le passage gratuit et leur alloue les indemnités du trousseau et autres fixées par les règlements en vigueur.

Le cadre officiel, encore insuffisant aux besoins de la population du diocèse, se compose (1863) de Mgr l'évêque, de 2 vicaires généraux et de 74 prêtres.

126. *D.* Comment se divise actuellement le diocèse de Saint-Denis?

R. Le diocèse de Saint-Denis se divise actuellement en 2 archidiaconés, 9 cantons et 50 paroisses.

Archidiaconé de Saint-Denis :

4 cantons, 24 paroisses, savoir :

CANTON DE SAINT-DENIS. — Cathédrale de Saint-Denis, Assomption, Saint-Jacques-le-Majeur, Notre-Dame-de-la-Délivrance, Saint-Etienne (au Brûlé), Saint-Bernard (à la Montagne), Sainte-Clotilde (au Chaudron), et Saint-Thomas, pour les Indiens.

Canton de Saint-Benoît. — Saint-Benoît, Sainte-Rose, Sainte-Anne, Sainte-Agathe, Notre-Dame-de-Bethléem, et, en projet, Notre-Dame-des-Cascades (au Bois-Blanc).

Canton de Saint-André. — Saint-André, Saint-Jean-Baptiste (au Bras-Panon), Notre-Dame-de-Salazie, Saint-Nicolas du Champ-Borne, Saint-Henri (à Hell-Bourg), Saint-Martin (à Salazie).

Canton de Sainte-Suzanne. — Sainte-Suzanne, Sainte-Marie, Notre-Dame-de-Bon-Secours (au Quartier-Français), Saint-François-Xavier (à la Rivière-des-Pluies), et Notre-Dame-de-Lorette, en projet.

Archidiaconé de Saint-Paul :

5 cantons, 26 paroisses.

Canton de Saint-Paul. — Saint-Paul, Notre-Dame-de-la-Possession, Notre-Dame-du-Bois-de-Nèfles, Saint-Gilles, Stella-Maris (Bas-de-Saint-Gilles), et, en projet, Notre-Dame-des-Anges (au bout de l'Etang), et une septième dans les hauts du Bernica.

Canton de Saint-Pierre. — Saint-Pierre, Saint-Vincent-de-Paul (à l'Entre-Deux), Saint-Gabriel (au Tampon), Notre-Dame-du-Mont-Carmel (Grand-Bois), Notre-Dame-du-Port (à Saint-Pierre).

Canton de Saint-Louis. — Saint-Louis, Saint-Augustin (à la ravine des Cabris), Notre-Dame-des-Neiges (à Cilaos), Notre Dame-du-Rosaire (à la Rivière), Saint-Dominique (à l'Etang-Salé).

Canton de Saint-Leu. — Saint-Leu, Notre-Dame-des-Avirons, Notre-Dame-de-la-Salette (au Portail), Notre-Dame-des-Trois-Bassins, Sainte-Thérèse (à la Saline), et le Sacré-Cœur-de-Jésus (aux Colimaçons).

Canton de Saint-Joseph. — Saint-Joseph, Saint-Philippe, Saint-Jean (à la Petite-Ile), Sainte-Geneviève (aux Lianes), Saint-Athanase (à Vincendo), et, en projet, Notre-Dame-des-Flammes (au Tremblet).

127. *D.* Par qui est secondé le zèle du clergé colonial ?

R. Le zèle du clergé colonial est secondé, dans le diocèse, par sept congrégations religieuses, savoir : les Pères de la Compagnie de Jésus, la Congrégation du Saint-Esprit et du Saint-Cœur de Marie, la Congrégation de la Mission dite des Lazaristes, l'Institut des Frères des Ecoles chrétiennes, les Sœurs de Saint-Joseph de Cluny, les Filles de Marie, et les Sœurs de Saint-Vincent-de-Paul.

1° Les RR. PP. de la Compagnie de Jésus, établis dans le diocèse en 1844. — Collège diocésain, deux résidences, établissement malgache de Notre-Dame-de-la-Ressource, missions diocésaines, résidences à Saint-Gilles, aumôneries, procure de la mission de Madagascar.

2° Les Pères du Saint-Esprit et du Saint-Cœur de Marie, établis dans le diocèse en 1843. — Ecole agricole et professionnelle, pénitencier, hospice des Invalides et noviciat (à la Providence), léproseries, une paroisse et aumôneries.

3° Les Lazaristes, rétablis en 1861. — Paroisses, aumônerie de l'établissement de Bel-Air (à Sainte-Suzanne).

4° FRÈRES DES ECOLES CHRÉTIENNES, établis dans la colonie en 1817. — Maison-mère et noviciat à Saint-Denis, dix-neuf établissements dans la Colonie, un à Port-Louis (île Maurice).

5° SOEURS DE SAINT-JOSEPH DE CLUNY, établies dans le diocèse en 1817. — Maison-mère et noviciat à Saint-Denis, hôpitaux militaires, hôpital colonial, infirmeries, pensionnats, écoles gratuites, ouvroirs, salles d'asile, vingt-deux établissements à Bourbon, cinq à Madagascar et un aux Seychelles.

6° FILLES DE MARIE, congrégation fondée dans le diocèse en 1848. — Maison-mère et noviciat à Saint-Denis, hospice des Invalides, léproseries, orphelinats, écoles et ouvroirs, huit établissements à Bourbon, un à Zanzibar (Afrique).

7° SOEURS DE SAINT-VINCENT-DE-PAUL, établies en 1860. — Soin des malades et des enfants trouvés.

128. *D.* Le diocèse de Saint-Denis ne possède-t-il pas aussi plusieurs associations et confréries pieuses et charitables ?

R. Le diocèse de Saint-Denis compte plusieurs associations pieuses et charitables qui font beaucoup de bien : Conférences de Saint-Vincent-de-Paul et des Dames de charité ; Sociétés de Saint-François-Xavier, de Notre-Dame-de-Bon-Secours, des Mères-Chrétiennes, l'Œuvre apostolique des Saintes-Femmes-de-l'Évangile, etc.

1° La Société de Saint-Vincent-de-Paul et celle des Dames de charité, dont tout le monde connaît le but éminemment charitable, ont été établies dans la colonie en 1854, et comptent plusieurs conférences.

2° La Société de Saint-François-Xavier, établie pour les hommes de la classe ouvrière, d'abord à Saint-Denis en 1846, existe actuellement dans presque toutes les paroisses du diocèse. Son but est d'unir ses membres par le double lien de la pratique des devoirs religieux et l'exercice de la charité fraternelle. La Société compte quatre à cinq mille membres dans le diocèse.

3° La Société de Notre-Dame-de-Bon-Secours, pour les femmes de la classe ouvrière, a le même but que celle de Saint-François-Xavier, et compte environ trois mille membres répandus dans les différentes paroisses.

4° La Société des Mères chrétiennes n'a pas d'autre but que de prier pour la conversion de leurs enfants, et des autres membres de leurs familles, qui laisseraient à désirer, sous le rapport de la pratique des devoirs religieux; leurs réunions sont purement spirituelles. Elles communient dans le but d'obtenir ce qu'elles désirent, et entendent une instruction de leur directeur.

5° L'Œuvre apostolique des Saintes-Femmes de l'Evanvangile, fondée en 1861, se propose de venir en aide aux églises pauvres du diocèse et des missions voisines, en leur fournissant des ornements, vases sacrés, etc.

Les pieuses associations ou confréries du Saint-Sacrement, du Sacré-Cœur de Jésus, du très-saint Cœur de Marie, pour la conversion des pécheurs, du Rosaire, de Notre-Dame du Mont-Carmel, de la Propagation de la foi et de la Sainte-Enfance, etc., sont en honneur dans le diocèse, et y comptent de nombreux associés.

CHAPITRE XV.

Commerce. — Pays en relation de commerce avec la Réunion. — Importations et exportations. — Mouvements de la navigation. Cabotage. — Consulats. — Industrie. — Professions manuelles. — Publications périodiques. — Anciennes mesures.

129. *D.* Le commerce a-t-il de l'importance à la Réunion ?

R. Le commerce de l'île de la Réunion est devenu très-important depuis le traité de 1814, qui l'a dégagée des entraves qui, dans la Colonie, en gênaient l'extension.

L'île Bourbon, rendue à la France par le traité de 1814, est devenue le point intermédiaire de nos rapports commerciaux avec les pays au delà du cap de Bonne-Espérance, et a ouvert des communications avec la plupart de ces contrées ; le décret de 1861, concernant le nouveau régime commercial, et l'ouverture des ports de Madagascar promettent un plus grand développement encore au commerce de la Colonie.

130. *D.* Quels sont les pays en relation de commerce avec la Réunion ?

R. La Réunion est en relation de commerce avec toutes les parties du monde, mais particulièrement avec la France, l'Inde, Madagascar, Maurice, l'Australie, etc.

Au delà du cap de Bonne-Espérance, les relations commerciales de la Colonie sont principalement :

1° *Dans la mer des Indes*, avec : Maurice, Madagascar, les Comores, le cap de Bonne-Espérance, la côte orientale d'Afrique, Zanzibar et les Seychelles.

2° *Dans la mer Rouge*, avec : Aden, Moka, Suez, et bientôt, par l'achèvement du célèbre canal de ce nom, avec Timsah et Port-Saïd.

3° *Dans le golfe d'Oman*, avec : Mascate, Bombay, Goa, Mangalore, Mahé et Cochin.

4° *Dans le golfe du Bengale*, avec : Ceylan, Karikal, Tranquebar, Pondichéry, Madras, Coringuy, Cocanada, Yanon, Calcutta, Chandernagor, Arakan et Rangoun.

5° *Dans la Malaisie et l'Océanie*, avec : Pulo-Pinang, Malaca, Singapore, Sumatra, Java, Bali, Lombock, Timor et la Nouvelle-Hollande.

6° *Dans les mers de la Chine*, avec : Saïgon, Manille, Canton et Hong-Kong.

Voir, page 177 et suiv., quelques détails sur ces divers points baignés par l'océan Indien.

131. D. A quelles sommes se sont élevées, en 1860, les importations et les exportations ?

R. En 1860, les importations se sont élevées à plus de 42 millions et demi, et les exportations à près de 38 millions et demi.

De 1840 à 1849, la moyenne des importations n'était que de 15,703,808 fr., celle de l'exportation, de 14,195,095 fr. De 1850 à 1855, la moyenne des importations fut de 20,639,263 fr., celle des exportations, de 14,073,043 fr. De 1856 à 1860, la moyenne des importations s'est élevée à 37,602,869 fr., celle des exportations à 32,844,781 fr.

Les importations consistent principalement en vin, huile, savon, bestiaux, bêtes de somme, riz, blé, tissus, porcelaine, ouvrages en fer et fonte et autres objets de luxe et d'utilité ; les exportations consistent principalement en sucre et en quelques autres denrées du crû de la Colonie, et en marchandises provenant de l'importation.

En 1860, le nombre des navires entrés dans la Colonie a été de 391, dont 321 français et 70 étrangers.

Actuellement (décembre 1862), la Colonie possède, outre un grand nombre de bateaux destinés à faire le grand ou le petit cabotage, 8 trois-mâts, 5 bricks et 4 goëlettes.

Le décret impérial du 26 février 1862, réglant les conditions du cabotage dans les colonies, fixe les limites suivantes pour la Réunion :

1° *Grand cabotage* : les îles situées dans les mers qui s'étendent du cap de Bonne-Espérance jusques et y compris les îles de la Sonde ;

2° *Petit cabotage* : les côtes de l'île et les voyages entre ces côtes et l'île Maurice ;

3° *Navigation au bornage* : d'un point à un autre de la colonie, avec une embarcation de 25 tonneaux au plus.

132. D. Quelles sont les puissances qui ont des consuls ou vice-consuls à la Réunion ?

R. L'Angleterre et Madagascar ont des consuls à la Réunion ; l'Allemagne, l'Espagne et le Portugal, des vice-consuls.

8.

133. *D.* L'industrie a-t-elle beaucoup d'importance, à la Réunion?

R. L'industrie n'a de véritable importance, à la Réunion, que dans son application à la production et à la préparation des denrées coloniales, spécialement du sucre.

En dehors de la manipulation du sucre, qui se fait en grand dans la Colonie, les professions industrielles n'ont guère à satisfaire que les besoins ordinaires de la vie, la presque totalité des objets manufacturés étant tirés du dehors. Disons pourtant que les arts et l'industrie sont plus développés à la Réunion que dans les colonies des Antilles. Cela tient à l'éloignement de la mère-patrie, à l'absence des ressources extérieures, qui a rendu les habitants de l'île plus industrieux, en les forçant autant que possible à se suffire à eux-mêmes. De là aussi la recherche des moyens de produire beaucoup de sucre sous un petit volume, ces appareils introduits d'Europe, perfectionnés ou inventés dans la colonie par MM. Wetzel, Gimard, etc. L'industrie sucrière a nécessité aussi la création de quelques usines où l'on fait assez bien les travaux de fonderie, d'installation ou de réparation des machines. Il y a aussi dans le pays quelques briqueteries, scieries, chaufourneries, tanneries, imprimeries, distilleries, etc. La boulangerie est peu répandue, attendu que la base de l'alimentation publique est le riz. Une industrie assez importante est celle des constructions navales, dont les principaux chantiers sont à Saint-Denis et à Saint-Pierre.

Disons aussi que dans la dernière Exposition universelle de 1855, à Paris, la Réunion obtint, parmi les colonies françaises, le plus grand nombre de récompenses : 19 médailles et 12 mentions honorables, et, en 1862, sur les 92 médailles obtenues par les colonies françaises, à l'Exposition universelle de Londres, l'île de la Réunion en a remporté 24 et obtenu 12 mentions honorables.

134. D. Quelles sont les professions manuelles les plus communes?

R. Les professions manuelles les plus communes sont celles de charpentier et de menuisier, de cultivateur et de jardinier, de forgeron et mécanicien, de maçon et tailleur de pierres.

Les professions de bijoutier, boucher, boulanger, bourrelier, carrossier, charron, chaudronnier, cordonnier, ébéniste, ferblantier, horloger, typographe, maréchal ferrant, marin, peintre en bâtiments, tailleur d'habits, voiturier, etc., comptent plus ou moins d'employés.

Les ouvriers ont généralement peu de chômage forcé et gagnent de bonnes journées, surtout s'ils sont intelligents et habiles dans leur état.

On estime approximativement à 3 ou 4 millions le produit des professions industrielles.

Outre le journal officiel de l'île de la Réunion, la Colonie a plusieurs journaux et publications périodiques : *Bulletin officiel*, le *Moniteur de la Réunion*, la *Malle*, le *Commerce*, la *Réunion*, le *Courrier de Saint-Pierre*, etc. L'imprimerie ne parut à Bourbon que vers 1790, et le premier journal, la *Gazette de l'île de la Réunion*, en 1804.

Le numéraire a toujours été rare à Bourbon ; aussi toutes les monnaies du monde commercial y sont admises. Le 1er janvier 1841, le système métrique décimal fut rendu obligatoire dans la colonie ; on se servait auparavant des anciennes mesures de Paris, sauf pour les mesures agraires, dont l'unité fut la *gaulette* (1).

CHAPITRE XVI.

Gouvernement. — Administration. — Gouvernement colonial. — Conseil privé. — Conseil général. — Délégué. — Guerre et marine : commissariat, garnison, milices.

135. *D.* Comment est administrée la Colonie ?

R. La Colonie est administrée d'après le *sénatus-consulte* du 3 mai 1854, qui a réglé la nouvelle constitution des colonies françaises.

Des lois et des règlements particuliers régissent la colonie ; néanmoins, beaucoup de lois, ordonnances et décrets en vigueur en France le sont aussi à l'île de la Réunion.

136. *D.* A qui sont confiés le commandement général et la haute administration de la Colonie ?

R. Le commandement général et la haute administration de la Colonie sont confiés à un gouverneur, sous l'autorité directe du ministre de la marine et des colonies.

(1) Voir le tableau des anciennes mesures, *page* 225.

Le gouverneur représente l'Empereur ; il est dépositaire de son autorité. Il rend des arrêtés et des décisions pour régler les matières d'administration et de police, et pour l'exécution des lois, règlements et décrets promulgués dans la Colonie. — Un conseil privé consultatif est placé près du gouverneur et sous sa présidence ; en font partie : Mgr l'Évêque de Saint-Denis, pour les questions concernant la religion et l'instruction publique ; l'ordonnateur, le directeur de l'intérieur, le procureur général, le contrôleur colonial, et deux habitants notables qui ont des suppléants, et un secrétaire archiviste. Lorsque le conseil privé se constitue en conseil du contentieux administratif et en commission d'appel, deux conseillers de la Cour impériale y sont adjoints.

Un conseil général, composé de 22 membres, nommé moitié par le gouverneur, moitié par les membres des conseils municipaux, vote les dépenses d'intérêt local, les taxes nécessaires pour l'acquittement de ces dépenses, les contributions extraordinaires et les emprunts à contracter dans l'intérêt de la Colonie. Le conseil général donne son avis sur toutes les questions d'intérêt colonial dont la connaissance lui est réservée par les règlements, ou sur lesquelles il est consulté par le gouverneur. Les séances ne sont pas publiques.

Des crédits sont ouverts au budget général de la métropole pour couvrir les dépenses de gouvernement et de protection concernant les matières ci-après, savoir : gouvernement, administration générale, justice, culte, travaux et service des ports, agents divers, et généralement les dépenses dans lesquelles l'État a un intérêt direct.

Toutes autres dépenses demeurent à la charge de la Colonie. Ces dépenses sont obligatoires ou facultatives suivant une nomenclature fixée par un décret.

137. D. Comment la Réunion est-elle représentée en France?

R. La Réunion n'est représentée en France que par un délégué au comité consultatif des colonies.

Ce comité est établi près du ministère de la marine et des colonies; il se compose: 1° de quatre membres nommés par l'Empereur; 2° d'un délégué de la Réunion, de la Martinique et de la Guadeloupe, choisi par le conseil général de ces colonies, et d'un ou plusieurs membres nommés par l'Empereur pour représenter les colonies qui n'ont pas encore de constitution particulière.

138. D. Qui est placé à la tête de l'administration Guerre et Marine?

R. Un ordonnateur est placé à la tête de l'administration *Guerre et Marine*.

Le chef de service pour l'administration Guerre et Marine, et ce qui touche les services dépendants du budget de l'État est l'ordonnateur; de son service dépendent les divers bureaux du commissariat de la marine: fonds, revues et armements, travaux, approvisionnements et subsistances, inscription maritime; — hôpitaux militaires et personnel médical; — magasin du matériel et des vivres; — contrôle colonial; — archives; — trésorerie, etc. (1).

(1) Le trésorier général est payeur, receveur général des finances de la colonie et trésorier des invalides de la marine. Il a

139. *D.* Comment se composent les forces militaires de la Colonie?

R. Les forces militaires de la Colonie se composent de troupes européennes et des milices locales.

Les forces militaires de la Colonie sont placées sous les ordres du gouverneur et sous le commandement d'un lieutenant-colonel.

La garnison est formée, 1° de troupes européennes, savoir : d'un détachement de 5 compagnies du 4ᵉ régiment d'infanterie de marine;

2° De la gendarmerie coloniale, dont l'effectif est de 166 hommes, commandés par un chef d'escadron, et divisés en 28 brigades, 16 à cheval, et 12 à pied;

3° Une batterie d'artillerie de marine, commandée

sous ses ordres un trésorier particulier dans la Partie-sous-le-Vent, et des percepteurs dans chaque commune. Par lui et par ses agents son service centralise les comptes de toutes les recettes et dépenses en compte de la métropole, de la colonie et des communes.

En ce qui concerne la Colonie, le budget métropolitain, outre les dépenses de station navale et d'entretien des troupes d'infanterie et d'artillerie, etc., porte encore plus de 2,000,000 de francs.

Le budget du service local pour l'exercice de 1863, porte :

Recettes	contrib. dir...	1,737,433 74	7,661,083 74
	contrib. indir..	5,269,350 »	
	produits divers.	654,300 »	
Dépenses obligatoires	personnel...	2,266,594 84	5,171,626 06
	matériel....	2,905,031 22	
Dépenses facultatives	personnel...	175,610 »	2,489,457 68
	matériel....	2,313,847 68	
	Total égal....		7,661,083 74

aussi par un chef d'escadron, et dont l'effectif est de 185 hommes, y compris le détachement de canonniers-ouvriers et les artilleurs détachés aux établissements de Madagascar et de Pondichéry;

4° Une compagnie de disciplinaires de l'armée.

A ces troupes régulières il faut ajouter la *compagnie indigène d'ouvriers du génie*, dont l'effectif est de 150 hommes, spécialement appliquée aux travaux militaires. Les engagements volontaires y sont autorisés à partir de l'âge de 16 ans.

140. D. Les colons ne sont-ils pas dispensés du service militaire?

R. Les colons dispensés du service militaire, proprement dit, sont soumis au service des *milices locales*, qui forment plusieurs bataillons d'infanterie, des compagnies d'artillerie, de chevau-légers et de sapeurs-pompiers; l'effectif est d'environ 9,000 hommes.

Les milices se divisent en deux classes: 1° la classe mobile, qui, indépendamment du service de la commune, est destinée à être envoyée sur toute partie du territoire colonial qui serait menacée d'un danger soit intérieur, soit extérieur. Elle se compose des habitants valides de 16 à 45 ans.

2° La *classe sédentaire*, qui ne peut dans aucun cas être détachée du territoire de la commune. Elle est spécialement destinée à la garde du foyer domestique, et se compose des hommes valides de 45 à 55 ans.

Les créoles de l'île de la Réunion sont dispensés de la grande loi du recrutement, et ceux qui font partie de nos armées de terre et de mer sont des volontaires. Les mères, on le comprend, sont heureuses de cette exception ; mais pour bien des jeunes gens, le recrutement serait un bienfait qui tournerait, croyons-nous, à l'avantage général de la colonie.

C'est aux milices que la colonie dut de conserver le drapeau de la France jusqu'en 1810. Leur résistance contre les invasions anglaises fut souvent de brillants faits d'armes où la milice de Saint-Benoît se distingua au premier rang, lors de la défense de Sainte-Rose.

Pour les forces maritimes, la colonie est comprise dans la station navale de la côte orientale d'Afrique, dont quelques bâtiments légers sont affectés au service local.

CHAPITRE XVII.

Administration intérieure. — Direction de l'intérieur. — Communes. — Division judiciaire. — Police. — Etablissements d'utilité publique.

141. D. A qui est confiée l'administration intérieure de la colonie ?

R. L'administration intérieure de la colonie est confiée à un directeur de l'intérieur. Ses fonctions ont beaucoup d'analogie avec celles des préfets de France.

Le directeur de l'intérieur exerce les attributions qui concernent les services dépendants de l'administration intérieure de la colonie, et afférents au budget local :

culte, instruction publique, agriculture, commerce, immigration, douane, contributions, poste aux lettres, ponts et chaussées, poids et mesures, banque, etc.

142. *D.* Comment est divisé le territoire, sous le rapport de l'administration intérieure, de la Colonie?

R. Le territoire de la Colonie, sous le rapport de l'administration intérieure, est divisé en douze communes et deux agences municipales.

Il y a dans chaque commune une administration nommée par le gouverneur, et composée du maire, des adjoints et du conseil municipal.

143. *D.* Comment se divise la Colonie sous le rapport judiciaire?

R. Sous le rapport judiciaire, la Colonie se divise en deux arrondissements.

1º *Arrondissement de Saint-Denis,* comprenant la justice de paix du chef-lieu, et celles des cantons de Saint-Paul, Sainte-Suzanne, Saint-André et Saint-Benoît.

2º *Arrondissement de Saint-Pierre,* comprenant a justice de paix du chef-lieu et celles des cantons de Saint-Leu, Saint-Louis et Saint-Joseph.

144. *D.* Par qui la justice est-elle rendue à la Réunion?

R. A la Réunion, la justice est rendue par des *juges de paix,* établis dans chaque canton; par deux tribunaux de première instance; par deux cours d'assises, siégeant à Saint-Denis et à Saint-Pierre, et par une cour impériale, siégeant au chef-lieu de la Colonie.

Un procureur général est chef de l'administration judiciaire. Les tribunaux de première instance de Nossi-Bé, de Mayotte et Sainte-Marie-de-Madagascar relèvent de la cour impériale de Saint-Denis.

La police, outre la gendarmerie coloniale, a un commissaire central, inspecteur, chef de service à Saint-Denis, des commissaires et des agents dans chaque commune; le service des eaux et forêts a un inspecteur, un sous-inspecteur et quelques brigadiers aidés dans leurs fonctions par les agents de la police et de la force publique; le service actif des douanes a 92 préposés ou brigadiers sous les ordres d'un lieutenant.

145. *D.* L'île de la Réunion possède-t-elle des établissements d'utilité publique ?

R. L'île de la Réunion possède plusieurs établissements d'utilité publique; et ils s'augmentent chaque année.

Les principaux établissements d'utilité publique, outre ceux mentionnés à l'article *Instruction publique,* sont : un orphelinat pour les jeunes filles, fondé par M. Dalmont en 1832, un pénitencier pour les jeunes détenus, un hospice de vieillards et infirmes, une léproserie, des lazarets, des hôpitaux, un jardin botanique, un jardin d'acclimatation, un muséum d'histoire naturelle, une bibliothèque publique, un observatoire, une exposition des produits de l'agriculture, de l'industrie et des beaux-arts, une chambre de commerce, une chambre consultative d'agriculture, et plusieurs comités agricoles, une société des sciences et arts, plusieurs associations de charité, de bienfaisance et de secours mutuels, une société coloniale d'acclimatation, etc., etc. Ajoutons qu'en 1852, un arrêté qui instituait une caisse d'épargne et de prévoyance fut porté, mais il n'y fut pas donné suite. C'est d'autant plus regrettable, que cette précieuse institution, qui rend les plus grands services aux classes ouvrières de France, en leur donnant un moyen d'utiliser leurs économies et de se créer des ressources, serait encore plus nécessaire à Bourbon, où les idées d'économie et de prévoyance sont encore peu répandues. La semence a été jetée, espérons qu'elle germera, qu'elle croîtra, et qu'elle fructifiera un jour.

TROISIEME PARTIE

TOPOGRAPHIE DES COMMUNES.

CHAPITRE XVIII.

Division naturelle de l'île. — Partie-du-Vent : Saint-Denis, Sainte-Marie, Sainte-Suzanne, Saint-André, Salazie, Saint-Benoît, Plaine des Palmistes et Sainte-Rose.

146. D. Comment se divise naturellement l'île de la Réunion ?

R. L'île de la Réunion se divise naturellement en *Partie-du-Vent* et en *Partie-sous-le-Vent*.

La *Partie-du-Vent* s'étend de la ravine de la Grande-Chaloupe à l'*ouest* de Saint-Denis, au milieu du Grand-Brûlé à l'*est*, et du bord de la mer au sommet des montagnes ; la *Partie-sous-le-Vent* comprend le reste de la colonie.

La partie de l'île soustraite aux vents généraux ne s'étend réellement, comme on l'a vu au chapitre XI, que de la pointe du *Portail*, au sud de Saint-Leu, à celle des *Chiendents*, située près du *Gouffre*, à 5 kilomètres ouest de Saint-Denis. Il s'en faut donc bien que les divisions reçues de *Partie-du-Vent* et de *Partie-sous-le-Vent* soient d'une rigoureuse exactitude. M. Maillard donne avec raison pour division naturelle de l'île : « l'arête générale des montagnes, qui prend du bord de la mer à la Grande-Chaloupe, entre Saint-Denis et la Possession, et va se terminer à la mer, au centre du Grand-Brûlé.

Cette arête passe par les sommets de la Possession, ceux des plaines d'Affouches et des Chicots, par les crêtes de Cimendef et du morne de Fourche, suit les pitons du Gros-Morne et des Neiges, les sommets de l'Entre-Deux, des plaines des Cafres, des Remparts et des Sables, puis enfin franchit le sommet du Grand-Cratère, celui du Cratère-Brûlant et le centre des Grandes-Pentes. »

147. *D.* Quelles communes comprend la *Partie-du-Vent?*

R. La *Partie-du-Vent* comprend les communes de Saint-Denis, de Sainte-Marie, de Sainte-Suzanne, de Saint-André, de Saint-Benoît, de Sainte-Rose et les agences municipales de Salazie et de la Plaine-des-Palmistes.

1° **SAINT-DENIS**, capitale de l'île depuis 1738, est le siège du gouvernement colonial, de l'évêché et des principales administrations de la colonie; c'est aussi le foyer principal du commerce et de l'industrie. Saint-Denis paraît avoir été habité dès 1665, mais il l'était sûrement en 1669, puisqu'à cette époque le voyageur Dubois dit que le gouverneur Regnault y demeurait. La ville, trois ou quatre fois plus spacieuse qu'aucune autre ville de la colonie, est située au nord de l'île, sur un plan un peu incliné vers la mer et dans une belle position. Ses rues, généralement bien percées, vont presque toutes aboutir à la mer. On y voit de belles maisons n'ayant qu'un étage pour la plupart, mais propres, fort commodes et entourées généralement d'un petit jardin et de frais ombrages qui en font un immense bosquet toujours vert, en rendent le séjour agréable et en tempèrent les chaleurs. Vue des hauteurs qui la dominent et l'encadrent au sud et à l'ouest, la ville de Saint-Denis, qui s'étend du pied du fameux cap Bernard jusqu'à la rivière du Butor, offre le paysage le plus pittoresque, l'aspect le plus gracieux et un coup d'œil dont on ne saurait se faire une idée en voyant une ville d'Europe. Saint-Denis s'agrandit et s'embellit chaque jour. Parmi les monuments qui l'ornent, et qui s'augmentent chaque année, on peut citer son hôtel de ville, ses casernes, son parc d'artillerie, son hôpital militaire, l'hôtel du gouvernement et la belle statue en bronze de Labourdonnais, qui en orne la place, le lycée, le palais de justice, le monument qui domine l'hippodrome, élevé en l'honneur des braves défenseurs de la colonie en 1810, sa banque, son bazar, sa fontaine Manès, etc. (1). Son établissement de la Providence, son jardin des plantes, remarquable par la richesse de ses collections botaniques et la beauté de ses promenades et de son musée, méritent aussi d'être visités, etc.; mais son plus bel ornement sera sa cathédrale en construction, dont les deux flèches domineront toute la cité. La cathédrale actuelle, qui vient de s'embellir d'un beau péristyle, est, jusqu'à ce jour, l'église la plus parfaite et la plus magnifique de la colonie. En y entrant, on est frappé de sa régularité autant que de son ornementation; quelques tableaux, la belle boiserie du chœur, et surtout la chaire en bois sculpté, attirent l'attention des visiteurs. L'église de l'Assomption serait fort bien, si elle n'était pas insuffisante pour la population; celle de Saint-Jacques, en forme de croix, est vaste et passablement ornée; celle de Notre-Dame-de-la Délivrance n'est qu'un provisoire. La plupart des éta-

(1) Saint-Denis possède aussi le seul beau pont en pierre de la colonie, le pont Doret, qui relie le boulevard du même nom avec la ville.

blissements d'utilité publique déjà mentionnés sont à Saint-Denis. Les Pères du Saint-Esprit et du Saint-Cœur de Marie, les Frères des Ecoles chrétiennes, les Sœurs de Saint-Joseph de Cluny et les Filles de Marie y ont aussi leurs noviciats, où sont reçus les jeunes garçons et les jeunes filles qui veulent se dévouer à l'éducation de la jeunesse et au soulagement des malades.

La commune de Saint-Denis compte 37,826 habitants, et s'étend de la Grande-Chaloupe à la rivière des Pluies, et de la mer au sommet des montagnes ; elle comprend, outre les paroisses mentionnées : 1° *Sainte-Clotilde*, à 3 kilomètres est de la ville ; sa petite église est fort bien, et la marine du Butor, qui possède le plus beau pont-embarcadère de la colonie, semble promettre à cette localité un prompt accroissement ; 2° *Saint-Etienne-du-Brûlé*, qui offre, à deux pas de la capitale, avec des sites pittoresques, des eaux limpides, de riantes perspectives et une température qui rappelle celle du midi de la France ; 3° *Saint-Bernard*, à la montagne ; à côté de l'église se trouve la léproserie, où les religieux du Saint-Esprit et les Filles de Marie donnent aux pauvres lépreux les soins les plus tendres, avec un dévouement que la religion seule peut inspirer.

2° **SAINTE-MARIE**, à 12 kilom. de Saint-Denis, est pour ainsi dire un petit bocage au bord de la mer, traversé par la Ravine qui lui donne son nom, et par la route impériale. Son église paroissiale, qui remonte aux premiers temps de la colonisation, située à l'extrémité *est* du quartier, est assez jolie, ainsi que son hôtel de ville, récemment édifié. L'école communale y est tenue par les Frères des Ecoles chrétiennes, et la localité possédera bientôt des Sœurs de Saint-Joseph.

Sainte-Marie a un pont-embarcadère, et sa petite rade toujours quelques navires au mouillage. Le marbre de la fontaine placée au milieu du quartier rappelle aux habitants les bienfaits de M. Martin Flacourt, ancien président du conseil général et maire de Sainte-Marie.

La commune de Sainte-Marie, dont la population est de 6,825 habitants, était habitée en 1671 ; elle s'étend de la rivière des Pluies, à l'ouest ; à la ravine des Chèvres, à l'est. Dans les hauts de Sainte-Marie, dans une superbe position se trouvent les beaux et utiles établissements malgaches de Notre-Dame de la Ressource et de Nazareth, où les Pères Jésuites élèvent les enfants de Madagascar, destinés à devenir les civilisateurs de leur pays. Les Frères des Ecoles chrétiennes y sont chargés de l'école des garçons, les Sœurs de Saint-Joseph de celle des filles. La jolie chapelle de l'établissement possède un superbe tableau des Gobelins et un autel gothique d'un goût exquis. Sur les bords de la rivière des Pluies, à côté du pont Desbassayns, l'église paroissiale de Saint-François-Xavier rappelle le zèle du P. Monnet pour l'évangélisation des noirs qui l'avaient appelé *leur Père*. Mort à Mayotte, en 1849, vicaire apostolique de Madagascar, ses restes reposent à l'ombre de ce sanctuaire qu'il avait bâti de ses propres mains ; à côté se voit encore l'humble paillote qui a vu naître et grandir la Congrégation des religieuses dites Filles de Marie.

Les sucreries de Sainte-Marie, qui, en 1861, ont donné un produit de plus de 7 millions de kilog., sont au nombre de 14 ; et après Saint-Denis, c'est Sainte-Marie qui donne le plus de vanille.

Les sites les plus remarquables de la commune se

trouvent dans les hauts de la ravine des Chèvres, où se voient les *Grottes* ou cavernes des *Trois-Trous*. Le *Piton du Charpentier* a 988 m. d'élévation, et offre l'un des plus beaux points de vue de la colonie.

Le *Cousin*, récif dangereux, est sur la côte, entre Sainte-Marie et la ravine des Chèvres ; les marins l'évitent par l'alignement de l'église de Saint-Denis avec le cap Bernard.

3° **SAINTE-SUZANNE**, chef-lieu du canton civil et ecclésiastique, à 18 kilom. de Saint-Denis et à 8 de Saint-André. Sainte-Suzanne prend de l'extension et s'embellit beaucoup ; ce sera bientôt une petite ville ; l'esplanade qu'entourent la mer et la rivière, qui donne son nom à cette jolie localité, se couvre de maisons et reliera bientôt l'ancien Sainte-Suzanne au populeux village de la Marine où se trouvent le mouillage, le pont-embarcadère, les magasins de dépôt et de beaux emplacements. Sa jolie petite église, qui doit s'agrandir et s'embellir encore, cachée au milieu d'un bosquet de filaos, porte au recueillement et à la prière ; à côté, et sur le même alignement, se trouvent le bel établissement des Sœurs de Saint-Joseph, la mairie, le presbytère et l'établissement des Frères des Ecoles chrétiennes. Son phare à feu fixe mérite d'être visité, ainsi que la magnifique chapelle gothique de Notre-Dame-de-Bel-Air, enrichie de superbes vitraux, et qui n'a pas de rivale à Bourbon. Elle abrite l'hôpital de Mme la vicomtesse Jurien, le premier qui ait été desservi, à la Réunion, par les Sœurs de Saint-Vincent de Paul. La commune de Sainte-Suzanne s'étend de la ravine des Chèvres à la rivière Saint-Jean. Sa population est de 7,970 âmes. Les habitations en sont riches et fertiles ; ses onze sucreries sont très-productives. Le *Quartier-Français* forme une paroisse dont la blanche église de Notre-Dame de Bon-Secours, bâtie, il y a une quinzaine d'années, par les premiers Pères du Saint-Cœur de Marie, arrivés dans la colonie, est souvent visitée par de pieux pèlerins. C'était autrefois le jardin de l'île, et ses vastes champs de blé rappelaient la France. La paroisse de Notre-Dame de Bon-Secours a une école tenue par les Filles de Marie.

Sainte-Suzanne fut une des premières localités de l'île où se formèrent des habitations, car on voit figurer ce quartier sur la carte de Flacourt (1658) et sur d'autres cartes, sous le nom d'habitation de l'*Assomption*, ou *habitation des Français*. Il a même été quelque temps le point le plus habité de la colonie, et les gouverneurs y avaient une résidence, d'où ils ont rendu beaucoup d'arrêtés. Une paroisse, la troisième en ancienneté, y fut établie en 1714; le premier curé en fut M. Jacques Houbert, qui y mourut à la fleur de son âge, en 1722. C'était un des quatre *Missionnaires* Lazaristes envoyés à Bourbon pour en faire le service religieux. Ces Missionnaires, qui avaient desservi la paroisse près d'un siècle, viennent d'y être rétablis en 1861, à la satisfaction générale des habitants.

Le canton de Sainte-Suzanne comprend, avec cette commune, celle de Sainte-Marie.

4° **SAINT-ANDRÉ**, chef-lieu de canton civil et ecclésiastique, à 8 kilom. de Sainte-Suzanne, est le bourg du littoral le plus éloigné de la mer; ses maisons et emplacements s'étendent sur une longueur de 2 à 3 kilom. de la route Impériale qui le traverse.

Son église, vaste et commode, rappelle le vénérable

Père Minot, le bienfaiteur de Saint-André, qui l'a édifiée et qui y repose comme un père au milieu de ses enfants; les écoles communales y sont tenues par les Frères des Ecoles chrétiennes et par les Sœurs de Saint-Joseph.

Saint-André a un notaire et un bureau de l'enregistrement.

La commune de Saint-André a 9,984 habitants; elle s'étend de la rivière Saint-Jean à celle du Mât. Sept sucreries fonctionnent dans la commune, dont la fertilité, surtout celle de ses riches plaines du Champ-Borne, semble ne pouvoir être surpassée; aussi, en 1861, a-t-elle obtenu le premier rang pour la production du sucre; ses vanilles donnent aussi de beaux résultats, ses vergers d'excellents fruits; ses oranges et ses mandarines sont les plus estimées de l'île.

Ce ne fut que vers le milieu du siècle dernier que Saint-André prit une certaine importance; l'érection de la localité en paroisse ne remonte qu'à 1741; une petite chapelle en bois y avait été construite et placée sous l'invocation de Saint-Joseph, puis sous celle de Saint-André, patron du commandant du quartier André Hocquart; en 1764, Saint-André n'avait encore que 1,600 à 1,700 âmes.

Le *Champ-Borne*, qui forme la paroisse de Saint-Nicolas, possède une église bâtie sur le bord de la mer, des Frères des Ecoles chrétiennes et des Sœurs de Saint-Joseph pour l'éducation de la jeunesse, et comme le *Bois-Rouge*, qui appartient aussi à Saint-André, un mouillage et un établissement de marine.

Le canton de Saint-André comprend, outre cette commune, l'agence municipale de Salazie.

M. Mézière-Lépervanche, mort à Sainte-Suzanne, le

38 janvier 1861, digne rejeton d'une des familles les plus respectables de la colonie, naturaliste distingué, vit le jour à Saint-André, le 23 mars 1808; il fut un des plus honorables enfants de Bourbon, dont il fit connaître au loin les beautés et les richesses naturelles; car il était l'ami et le correspondant des plus illustres savants dont la France contemporaine s'honore. Pénétré d'une foi vive, M. Mézière-Lépervanche n'attendit, pour mettre en pratique ce qu'il croyait vrai, ni les lenteurs de l'âge, ni les atteintes de la maladie; aussi la mort le trouva chrétien d'une piété sincère, membre zélé de la Société Saint-Vincent de Paul.

5º L'agence municipale de **SALAZIE**, détachée de Saint-André en 1836, par le contre-amiral Cuvilier, gouverneur, doit son origine à la source thermale découverte au pied des Salazes, en 1815, par d'intrépides chasseurs de cabris marrons. Sur l'initiative de M. Fréon, riche propriétaire à Sainte-Suzanne, plusieurs habitants se réunirent pour solliciter la concession de ce cirque; le gouvernement colonial accueillit favorablement cette demande et accorda un premier secours de 9,000 fr. Une société de concessionnaires fut alors formée, et après bien des fatigues et des dangers, l'un d'eux, M. Théodore Cazeau, après avoir traversé soixante-huit fois la rivière du Mât, et avoir remercié l'ami dévoué et les braves créoles qui l'avaient accompagné, prit possession, en leur présence et au nom de tous les concessionnaires du cirque qui leur avait été concédé, et s'installa avec sa famille sur les bords pittoresques de la Mare-à-Poule-d'Eau. C'était le 22 octobre 1831. D'autres concessionnaires vinrent ensuite; en 1833, la réputation des eaux thermales commença à se répandre, et Salazie à être connu et visité ; en 1834, l'abbé Dalmont, vice-préfet apostolique, bénit la source et y célébra la sainte messe. Aujourd'hui, l'agence de Salazie compte 4,961 habitants et comprend le vaste cirque ou bassin de la rivière du Mât, jusqu'au pont de l'Escalier, et forme trois paroisses : 1° *Notre-Dame de Salazie*, au village, chef-lieu de l'agence, sur la rive gauche de la rivière du Mât, à 38 kilom. de Saint-Denis et à 17 de Saint-André; il compte peu de maisons et n'a d'un peu remarquable que sa petite église, son établissement de Frères des Ecoles chrétiennes et son pont américain; 2° *Saint-Henri*, à Hell-Bourg, à 8 kilom. du village de Salazie, possède le bel établissement des eaux thermales; une petite église qui s'achève, un hôpital de convalescence desservi par les Sœurs de Saint-Joseph, qui y tiennent aussi une petite école; 3° *Saint-Martin*, de la troisième catégorie, paroisse nouvellement érigée, n'a encore qu'une chapelle provisoire.

Le climat de Salazie, comme celui de tout l'intérieur de l'île, est délicieux, l'air y est plus doux qu'à Toulon, et l'été jamais plus chaud que celui de Bordeaux. Ses montagnes et ses vallées produisent des céréales, de bons légumes, d'excellentes racines, un peu de café, de tabac, etc., et des fruits auxquels la région seule de l'intérieur peut offrir le climat de France. L'achèvement des routes dont l'administration dote cette intéressante localité lui donnera encore plus d'importance.

6° **SAINT-BENOIT**, chef-lieu de canton civil et ecclésiastique, à 12 kilom. de Saint-André et à 28 kilom. de Saint-Denis, est agréablement coupé par la rivière des Marsouins, où abondent les anguilles et les bichiques. Après Saint-Denis, Saint-Pierre et Saint-Paul, c'est la plus importante des localités de l'île ; son église, dont la première pierre fut posée par le contre-amiral de Hell et bénite par Mgr Poncelet, préfet apostolique, est une des plus belles de la colonie; elle est due en grande partie au zèle de son ancien pasteur, l'abbé Bertrand, mort au milieu de ses ouailles, en 1843. Saint-Benoît possède plusieurs institutions particulières, un collége communal dirigé par des ecclésiastiques, des écoles tenues par les Frères des Ecoles chrétiennes et les Sœurs de Saint-Joseph ; deux notaires, une commission d'amirauté, un comice agricole; son mouillage a toujours quelques navires.

La commune de Saint-Bénoît est la plus vaste de l'île; elle s'étend de la rivière du Mât à celle de l'Est, du bord de la mer au *Piton des Neiges*, point extrême de ses limites, que bornent les communes de Sainte-Rose, Saint-Philippe, Saint-Joseph, Saint-Pierre, Saint-Louis, Saint-Paul et Salazie. Les pluies fréquentes qui l'arrosent, la rendent très-productive; autrefois elle donnait beaucoup de girofle; aujourd'hui elle a quinze sucreries et tient un des premiers rangs pour ses produits. Sa population est de 20,731 habitants. En 1724, époque de la création de la paroisse, elle n'était que de 400 âmes; le premier curé en fut M. Théodore Trogneux, lazariste. Il bâtit en bois la première église et mourut prématurément la même année, vivement regretté de ses paroissiens qui l'appelaient *le saint*, tant était fervent et zélé ce bon missionnaire.

Saint-Benoît a été le berceau de : Joseph-Henri Hubert (1747-1825), l'ami de Poivre, savant et modeste agronome, botaniste distingué qui planta et propagea le girofle à Bourbon. Sa renommée avait franchi les mers, et Louis XVIII, avec la croix de Saint-Louis, lui envoya une des dix médailles accordées en 1821 aux cultivateurs qui, dans toute l'étendue de son royaume, avaient rendu les plus éminents services à l'agriculture. Son frère, Hubert Montfleury, son émule en patriotisme et dont on lit le nom gravé sur un monument que lui a élevé, sur les bords de la rive des Marsouins, la reconnaissance des habitants de Saint-Benoît; du contre-amiral Bouvet (1775-1860), le héros du Grand-Port, dont la fin si chrétienne a couronné la longue et honorable carrière marquée par de brillants faits d'armes qui l'ont placé dans les premiers rangs de nos marins célèbres; mais la grande gloire de Saint-Benoît, c'est d'avoir donné le jour à M. Henri-Hubert Delisle, qui le premier entre les enfants de la colonie a été appelé à la gouverner. Son administration, qui rappelle celle de Labourdonnais, lui valut, avec la reconnaissance de ses compatriotes et la satisfaction de Napoléon III, la dignité de sénateur de l'Empire.

Outre la paroisse du chef-lieu, la commune compte encore *Saint-Jean-Baptiste*, dans les riches plaines du Bras-Panon; *Notre-Dame de Bethléem*, dans une îlette de la rivière des Marsouins, possédant un établissement dirigé par les Filles de Marie pour l'éducation des enfants et le soin des malades, enfin la paroisse de *Sainte-Anne*, qui possède des Frères des Ecoles chrétiennes, des Filles de Marie et une assez jolie église, dont le modeste clocher est enrichi d'un petit carillon.

7° La **PLAINE DES PALMISTES**, agence municipale fondée en 1859, n'était habitée que par quelques créoles, et notamment par le sieur Fleury, lorsqu'en 1851 fut rendu, par M. le gouverneur Doret, l'arrêté du 4 novembre, autorisant la colonisation de cette plaine, qui est bornée au nord-est par la montée Letort; au sud-ouest, par le rempart de la Grande-Montée; au nord-ouest, par le rempart dit des Songes, et au sud-est, par les pentes des tabacs et de Saint-François.

Les productions et le climat de la plaine des Palmistes sont à peu près ceux de Salazie. Dans la partie réservée s'élève une ferme-modèle, dont les créateurs espèrent les meilleurs résultats.

Le chef-lieu de cette localité, le hameau de *Sainte-Agathe*, possède une petite église.

8° **SAINTE-ROSE**, à 58 kilom. de Saint-Denis et à 20 de Saint-Benoît, est située au fond d'une petite baie ou anse, connue sous le nom de *Port-Carron* ou *Quai-la-Rose*, avec un assez bon mouillage; son église est bien ornée et possède le plus bel autel en marbre qui soit dans la colonie. Une fontaine surmontée de la statue de Sainte-Rose de Lima, patronne de la localité, doit en orner la place.

A côté de l'église se voit l'établissement des Sœurs de Saint-Joseph; puis, sur la route impériale et sur le même alignement : la gendarmerie, l'Ecole des Frères et le presbytère, constructions nouvelles qui donnent une jolie avenue au quartier dont la prospérité et le bien-être viennent encore d'être augmentés par le *canal Lory*, qui, après avoir fertilisé de vastes terrains, fournit à Sainte-Rose une eau abondante dont le bourg était privé.

Le quartier Sainte-Rose était habité dès 1745, mais dépendait de Saint-Benoît; il n'en fut séparé que peu avant 1790. La partie la plus peuplée de la commune n'est pas le village, mais bien l'endroit appelé le *Piton*.

C'est devant les côtes de cette commune que se livra le combat des frégates commandées par les capitaines Bouvet et Corbet, et au bord de la mer, au bas du village, que les Anglais élevèrent un monument sans inscription à leur capitaine vaincu, mais mort avant de tomber entre les mains du vainqueur.

La commune de Sainte-Rose s'étend de la rivière de l'Est au milieu du Grand-Brûlé, jusqu'à la pierre monumentale élevée à l'occasion de l'inauguration solennelle de la route impériale à travers le Brûlé.

Une partie de son territoire couverte de laves est fort aride ; on y trouve pourtant de bonnes habitations que des pluies fréquentes fertilisent et qui donnent passablement de sucre, des vivres du pays, etc. Sa belle forêt du Bois-Blanc donne du bois de construction ; chaque fois que le volcan vomit ses flots brûlants, bon nombre de visiteurs affluent à Sainte-Rose, pour y admirer, du haut de la montée du Bois-Blanc, le spectacle grandiose et saisissant qu'offre, au milieu d'une nuit obscure, cette rivière de feu qui coule du cratère à la mer.

CHAPITRE XIX.

Partie-sous-le-Vent : Saint-Paul, Saint-Leu, Saint-Louis, Saint-Pierre, Saint-Joseph et Saint-Philippe.

148. D. Quelles communes comprend la *Partie-sous-le-Vent ?*

R. La *Partie-sous-le-Vent* comprend les communes de Saint-Paul, de Saint-Leu, de Saint-Louis, de Saint-Pierre, de Saint-Joseph et de Saint-Philippe.

1° **SAINT-PAUL**, chef-lieu de canton, civil et ecclésiastique, est le plus ancien quartier de l'île, et en a été la capitale jusqu'en 1738. La ville, située à 46 kilomètres ouest de Saint-Denis, est bâtie au bord de la mer, au centre d'un vaste hémicycle de plus de deux lieues de longueur, formé par des collines élevées qui se courbent en arc et viennent aboutir, par une douce inclinaison, aux deux pointes qui enserrent la baie, semblables à deux bras étendus pour la protéger : la *Pointe-la-Houssaye*, et la *Pointe-des-Galets*, fort avancée dans la mer. Le demi cercle de collines verdoyantes, çà et là coupées de ravines et de remparts abruptes, tapissés de lianes ; la ville alignée sur la plage, avec ses vastes emplacements, son avenue spacieuse de la *Chaussée*, bordée d'arbres et de rosiers, et rafraîchie par les eaux du Bernica, qui la côtoient ; tout cela offre l'aspect d'un beau paysage que les eaux du canal de Cormoran vont parer encore d'une riche et luxurante végétation.

Saint-Paul fut bâti d'abord sur les bords de l'Etang ; ce ne fut que vers la fin du siècle dernier que les colons vinrent grouper leurs habitations autour de la chapelle de Notre Dame-des-Anges, qui se voit encore sur la place d'Armes, et qu'avait bâtie la famille Mussard.

L'église actuelle est d'une architecture simple, formée de deux grandes nefs qui se coupent en croix ; elle est vaste et commode. Le pont-embarcadère de Saint-Paul, avec son aiguade, a été longtemps le plus beau de l'île ; son bazar est propre et bien placé ; la caserne est un grand et solide bâtiment édifié par la Compagnie des Indes. Saint-Paul possède un hôpital militaire avec une maison d'aliénés, le collège ecclésiastique de Saint-Charles, des Frères des Écoles chrétiennes, des Sœurs de Saint-Joseph, des institutions privées, une garnison, une prison civile, un commissaire de police principal, un commissaire pour l'inscription maritime, un vérificateur des douanes, un lieutenant de port, une commission d'amirauté, trois notaires, deux agents de change, un trésorier particulier pour la Partie-sous-le-Vent, etc.

Le climat doux et uniforme de Saint-Paul convient surtout aux constitutions frêles et délicates ; il est fort agréable d'avril à octobre ; les chaleurs y sont très-fortes le reste de l'année.

La commune de Saint-Paul s'étend depuis la Grande-Chaloupe jusqu'à la ravine des Trois-Bassins. Sa superficie est de 37,667 hectares, et la plus considérable de l'île, après celle de Saint-Benoît. La population recensée est de 25,620 habitants. Sous le rapport religieux, la commune est divisée en sept paroisses, qui forment des localités importantes, savoir : *Saint-Paul*, comprenant la ville et la banlieue ; *Notre-Dame-de-la-Possession* (1), dont la belle église se termine, possède des Frères des Écoles chrétiennes, des Sœurs de Saint-Joseph : un adjoint spécial y fait les fonctions de maire ; *Notre-Dame-de-la-Visitation*, au Bois-de-Nèfles, dans une belle position, a des Sœurs de Saint-Joseph ; *Saint-Gilles*, sur la ravine de ce nom, a une vaste église, et auprès, une jolie chapelle gothique en forme de rotonde ; *Stella-Maris*, dans les bas de Saint-Gilles, où l'on eut autrefois l'idée

(1) Dans l'ouragan du 2 février 1863, la mer a détruit une partie du village.

de créer un port; enfin *Sainte-Thérèse*, à la Saline, qui n'a encore qu'une chapelle provisoire sur les bords de la route impériale. L'étang de Saint-Paul est le plus étendu de la colonie, il est très-poissonneux; la pêche qui s'y fait le Jeudi-Saint est un spectacle curieux qui attire toute la population. La réalisation du projet d'y creuser un port ferait rendre à Saint-Paul l'importance et l'activité commerciale qu'ont prises sur lui Saint-Denis et Saint-Pierre. La rade de Saint-Paul, dangereuse pour l'appareillage pendant l'hivernage, est la plus vaste, la plus sûre et la plus commode de l'île.

Le *Grand-Bénard*, sommet le plus élevé de l'île après le piton des Neiges, se trouve sur la commune de Saint-Paul, ainsi que la source sulfureuse de Mafate.

La commune de Saint-Paul a : dix-sept sucreries, qui donnent un produit considérable; un peu de café, de vanille, du bétel, etc., des légumes et des vivres en abondance suffisent non-seulement à la consommation locale, mais alimentent encore le bazar de Saint-Denis, qui en reçoit aussi ses glaces.

Dans le salon de la cure de Saint-Paul se voit le portrait du vénérable Mgr Davelu, qui fut préfet apostolique des îles-sœurs, de 1777 à 1781. Ce bon missionnaire a laissé un manuscrit de notes historiques sur l'île Bourbon, conservé aux archives de la marine, à Paris. C'est Mgr Davelu, aidé de ses paroissiens, qui bâtit, en 1777, l'église actuelle de Saint-Paul, restée longtemps la plus belle et la plus vaste de la colonie. Ce digne enfant de Saint-Vincent de Paul, après avoir été, pendant quarante ans, le père et le bienfaiteur de cette paroisse, y mourut le 9 décembre 1817. Par son testament, il demanda instamment d'être enterré sous la pierre où, au sortir de l'église, les corps des défunts sont déposés pour les dernières prières, « afin, disait ce bon pasteur, qu'après ma mort les paroissiens dont j'ai eu la charge pendant de si longues années, viennent encore se reposer une fois sur mon cœur. » Ses dernières volontés ont été respectées, et aujourd'hui encore le paroissien défunt, avant d'être conduit au cimetière, vient faire une station sur la modeste pierre qui couvre les restes du vénérable Père Davelu, et tous les ans, le 9 décembre, un service solennel rappelle aux habitants de Saint-Paul la mémoire de ce saint prêtre.

Terminons en disant que l'étranger ne quitte pas Saint-Paul sans visiter le site pittoresque du *Bernica*, chanté en prose et en vers.

2º **SAINT-LEU**, chef-lieu de canton civil et ecclésiastique, à 75 kilomètres de Saint-Denis et à 29 de Saint-Paul, est situé sur le rivage, au pied d'un rocher fort escarpé; l'abord des deux côtés en est assez aride, mais on est agréablement surpris, en y arrivant, de voir un joli bourg formant une longue et agréable rue bordée de bois noirs et de belles maisons. Son église, en forme de croix, bâtie par les habitants en 1790 pendant la tourmente révolutionnaire, alors que dans la mère-patrie on renversait temples et autels, est bien ornée et s'embellit d'un beau clocher. Les Frères des Écoles chrétiennes et les Sœurs de Saint-Joseph y donnent l'instruction. Cette localité a un juge de paix, un notaire, un commissaire de police, etc. On installe en mairie l'ancien logement des agents de la compagnie des Indes dont les magasins ont été transformés l'un en caserne de gendarmerie, l'autre en geôle et poste de police. Une fontaine, dont les eaux sont prises à 7 kilomètres et demi, donne à toute la population du chef-lieu, l'eau potable nécessaire à ses besoins.

Sur le flanc de la montagne dominant Saint-Leu, se voit de loin la blanche chapelle du pèlerinage de Notre-Dame-de-la-Salette, ex-voto qui rappelle qu'en 1859 Saint-Leu fut préservé du choléra qui fit tant de victimes dans la colonie.

Saint-Leu fut habité très-anciennement ; toutefois, il ne fut érigé en commune qu'en 1776; avant cette époque, cette localité s'appelait *le Repos de Laleu*, du nom du premier colon qui vint s'y fixer. Un décret impérial vient d'ériger Saint-Leu en chef-lieu de canton.

La commune s'étend de la ravine des Trois-Bassins au nord, à celle des Avirons au sud-est, et compte 7,118 habitants. Sa superficie est de 14,787 hectares, et donne du sucre, des légumes, des vivres, etc. Saint-Leu était la commune qui produisait jadis le plus de café, mais les belles plantations de ce gracieux arbuste ont presque entièrement disparu par suite de l'envahissement de la canne à sucre, et la récolte de 1861 n'a donné que 90,000 kilog. de café toujours le plus renommé de la colonie, et, après celui de Moka, le meilleur que l'on connaisse. La ceinture de récifs qui borde la plage de Saint-Leu, y facilite les bains de mer qu'on peut y prendre sans danger, et donne des coraux dont on fait une excellente chaux. Sa baie est fréquentée par les navires et par les caboteurs, et c'est derrière la pointe du Portail que se trouve le Soufflet, cet éternel jet d'eau qui, pendant les ras de marée et les ouragans, lance à une hauteur prodigieuse les flots comprimés dans les profondeurs du gouffre.

M. l'abbé Déguigné, mort en odeur de sainteté à Saint-Denis, en 1832, était né à Saint-Leu.

La commune comprend, outre la paroisse de Saint-Leu : 1° dans les hauts des Trois-Bassins, celle de *Notre-Dame-des-Sept-Douleurs*, qui a une église vaste et commode placée un peu au dessous de la route *Henri-Delisle*, à près de 800 mètres au-dessus du niveau de la mer ; à ses côtés, s'élève l'établissement des Frères des Écoles chrétiennes ; un pont fort remarquable, dû à l'administration municipale, s'y voit dans les hauts de la Grande-Ravine ; 2° au Portail, *Notre-Dame-de-la-Salette*, qui n'a encore qu'une chapelle provisoire sur les bords de la route impériale ; 3° aux Colimaçons, une belle église gothique, que M. de Châteauvieux, maire de Saint-Leu, édifie à ses frais, et qui deviendra la première église paroissiale placée sous le vocable du *Sacré-Cœur de Jésus* ; ce sera, assure-t-on, un joli monument ; en attendant, les offices se font dans une chapelle provisoire.

3° **SAINT-LOUIS**, dont la colonisation paraît se confondre avec celle de Saint-Pierre, était érigé en paroisse en 1736. Le bourg, chef-lieu de la commune, s'est successivement déplacé en se rapprochant de la rivière Saint-Etienne ; car on voit dans les hauteurs de l'Étang-Salé les ruines de la première église qui y fut construite. L'actuelle, plus rapprochée du bourg, se trouve déjà tout à fait en dehors de ses limites, et isolée au milieu de plantations de cannes à sucre ; aussi a-t-on décidé son abandon pour en construire une au centre de la population. Cette localité est un chef-lieu de canton civil et ecclésiastique, à 97 kilom. de Saint-Denis et à 22 de Saint-Leu, sur la route impériale, à une certaine distance de la mer, entre la ravine du Gol et la rivière

Saint-Étienne. Grâce aux canaux qui l'arrosent, le bourg est assez agréable ; il possède un établissement de Frères des Écoles chrétiennes et de Sœurs de Saint-Joseph, une justice de paix, un notaire, etc.

Son église en construction sera une des plus vastes de la colonie. La chapelle de Notre-Dame-du-Rosaire, qui se voit encore sur les bords de la rivière Saint-Etienne, est un des plus anciens monuments religieux de l'île, et une preuve que le culte de la Mère de Dieu y a été implanté par les premiers colons. Saint-Louis n'a d'un peu remarquable que ses écoles communales, sa jolie fontaine qui orne la place de la mairie qu'on va réédifier et qui sera un beau monument pour la localité.

La commune s'étend, y compris le cirque intérieur de Cilaos, de la ravine des Avirons au nord-ouest, à la rivière Saint-Étienne au sud-est, et de la mer au piton de Neige. La population est de 15,165 habitants ; sa superficie est de 21,178 hectares qui donnent du sucre, un peu de café, du tabac, des légumes, des vivres en abondance, etc. Les chapeaux de paille qu'on y confectionne sont estimés. Sur les bords de son étang poissonneux, et au milieu d'une vaste et riche plaine gagnée sur les marécages, se voit le château du Gol construit, dit-on, en 1777, par M. Desforges-Boucher, fils, ancien ingénieur de la compagnie des Indes.

Sous le rapport religieux, la commune, outre la paroisse de Saint-Louis, comprend : 1° celle de *Notre-Dame-des-Avirons*, qui possède une jolie petite église sur les bords de la route impériale ; 2° *Saint-Dominique*, à l'Étang-Salé. Cette localité possède un mouillage et un petit hameau, entre la mer et les bords arides de l'Étang ; des montagnes de sable le séparent de la route imp ériale sur les bords de laquelle s'élève la jolie petite église paroissiale ; 3° *Notre-Dame-du-Rosaire*, dans les hauts de Saint-Louis, entre la rivière Saint-Étienne et celle du Gol pour les localités populeuses *de la Rivière et du Ruisseau* ; 4° *Notre-Dame-des-Neiges*, dans le cirque intérieur de Cilaos, qui compte une nombreuse population et où l'on trouve la plus belle source thermale de la colonie. Les plaines intérieures *des Merles* et *des Mackes* font aussi partie de la commune de Saint-Louis et ne sont pas encore habitées.

4° **SAINT-PIERRE,** longtemps connu sous le nom de quartier de la *Rivière-d'Abord*, à 125 kilom. de Saint-Denis par la *Partie-sous-le-Vent*, à 107 par la *Partie-du-Vent*, et à 10 de Saint-Louis, n'était, il y a une soixantaine d'années, qu'une bourgade insignifiante, une lande inculte. Quelques petites campagnes éparses groupant autour d'elles une population de chasseurs et de pêcheurs, déterminèrent, dès 1735, à ériger cette bourgade en paroisse. C'est aujourd'hui la deuxième commune de l'île.

L'enceinte de la ville tracée par le chevalier Banks, forme un vaste rectangle compris entre la rivière d'Abord à l'est et la Ravine blanche à l'ouest, le boulevard de Banks au *nord* et la mer au *sud*. Cet espace, divisé en carreaux, est coupé par des rues larges, droites et se rencontrant à angles droits. La ville s'élève sur la déclivité de la montagne et descend par une pente quelquefois rapide, jusqu'au rivage. Vue de la mer, avec ses maisons blanches, ses toits aux couleurs variées, son faubourg de la Terre-Sainte, nouvelle ville bientôt, la fumée de ses usines, de ses sucreries, ses rues larges et alignées, le mouvement de son petit port, les montagnes vertes et gigantesques qui forment le fond du tableau, Saint-Pierre offre à l'œil du voyageur un paysage animé, riche et varié. Son port, dont la première pierre fut bénite par le vénérable abbé Margeris, curé de la paroisse, et posée solennellement le 30 avril 1854, par M. le gouverneur Delisle, se poursuit énergiquement, et sera bientôt une nouvelle source de prospérité et de richesse.

L'église paroissiale de Saint-Pierre, bâtie dans les hauts de la ville, sur les bords de la rivière d'Abord, assez bien ornée, avec ses deux tourelles, n'est plus en rapport avec l'importance de la localité; l'hôtel-de-ville, ancien magasin de la *Compagnie*, vaste bâtiment qui donne sur une belle place ornée d'une jolie fontaine, possède un marbre qui perpétue le souvenir de MM. Frappier de Montbenoit, Haraux des Ruisseaux et Auguste Motais, qui, en dotant la commune du canal Saint-Étienne, lui ont donné une source inépuisable de bien-être, d'agrément et de richesse. On peut encore citer son palais de justice récemment édifié, sa gendarmerie et son mât de pavillon. Saint-Pierre, outre plusieurs institutions particulières, a une école gratuite tenue par les Frères des Écoles chrétiennes, dans l'ancien hôtel du directeur de la *Compagnie des Indes*, une maison d'éducation dirigée par les Sœurs de Saint-Joseph qui sont aussi chargées de l'hôpital. Cette ville est le siége du tribunal de première instance et de la cour d'assises de l'arrondissement; elle a aussi une justice de paix, trois notaires, un comice agricole, un commissaire de l'inscription maritime, un lieutenant de port, une commission d'amirauté, plusieurs agents de change, etc.

La rade actuelle de Saint-Pierre, assez tranquille

pendant l'hivernage, est sujette, pendant les vents généraux du sud-est, à de fortes brises et à des ras de marée.

La commune de Saint-Pierre a pour limites : au nord, le rempart de la plaine des Palmistes du cirque de Cilaos; à l'est, la ravine de Manapany ; à l'ouest, la rivière Saint-Étienne, et au sud, la mer. Sa superficie est de 36,270 hectares; sa population de 30,596 âmes. Son territoire, fertilisé par le canal Saint-Étienne, donne beaucoup de sucre, compte 26 sucreries, tient le premier rang pour la production du café, et donne en abondance des légumes, des vivres, des sacs de vacoa, du bois de construction, etc.

Sous le rapport religieux, la commune est divisée en sept paroisses : 1° pour la ville et la banlieue, *Saint-Pierre* et *Notre-Dame de Bon-Port* ; 2° à l'Entre-Deux, *Saint-Vincent-de-Paul* ; il y a un adjoint spécial remplissant les fonctions de maire, un commissaire de police et une école tenue par les Frères des Écoles chrétiennes : on y remarque une assez jolie église et les restes d'un ancien étang naturel ; 3° à la Ravine des Cabris, *Saint-Augustin*, qui voit s'élever une jolie église; 4° au Tampon, *Saint-Gabriel* ; 5° au Grand-Bois, près de la route impériale, *Notre-Dame-du-Mont-Carmel*, et 6° à la Petite-Ile, *Saint-Jean l'Évangéliste*, possédant un joli calvaire dont la croix domine un vaste horizon.

La *Plaine-des-Cafres* fait partie de la commune de Saint-Pierre : il y a un syndic chargé de la police, lequel est revêtu de quelques autres attributions. Longtemps on a cru la Plaine des Cafres privée d'eau : aussi n'a-t-elle été habitée que de nos jours, et après la découverte d'une source par M. Reilhac, regardé avec raison comme le fondateur de cette localité, où il a exécuté des travaux fort remarquables. — Concédée par arrêté du 4 novembre 1851, la Plaine des Cafres semble n'attendre que l'érection d'une paroisse pour voir sa colonisation prendre de nouveaux développements. Elle donne déjà pommes de terres, légumes excellents, bétail suffisant à l'alimentation du bazar de Saint-Pierre, de bon beurre et du fromage qui rappelle celui de Neufchâtel.

Lislet-Geoffroy (Jean-Baptiste) naquit à Saint-Pierre, le 23 août 1755, de l'affranchie Marie-Geneviève Niama, originaire de Guinée. M. Geoffroy, ancien ingénieur de la Compagnie des Indes, qui l'adopta plus tard, prit soin de son enfance et lui donna les premières leçons de dessin et de mathématiques. Voulant de bonne heure habituer Lislet à gagner sa vie, dès l'âge de quinze ans, il le fit entrer dans les ponts et chaussées comme simple employé sur les travaux du gouvernement... Qui eût prédit alors que, grâce à son seul travail et à une invincible ardeur de savoir, sans maître pour lui aplanir les premières aspérités de l'étude, soutenu par quelques personnes dont il avait su mériter la bienveillance, et en particulier par M. de Tromelin, *ce petit noir libre*, serait l'un des enfants les plus illustres de la colonie ?... Il a lui-même donné de vaincre le préjugé colonial et de montrer que la couleur ne constitue aucune inégalité entre les intelligences. « Il passait partout, a-t-on dit de lui, où n'importe quel blanc huppé aurait passé. » En 1786, sa réputation de savant était faite, et il recevait le titre si honorable de membre correspondant de l'Institut; en 1794, il était nommé officier du génie militaire, et en 1803, capitaine dans le même corps. Lislet-Geoffroy est mort, le 8 février 1835, à Maurice, où il s'était fixé depuis longtemps ; sa biographie complète a été faite par François Arago. Le monde savant doit à cet illustre créole les cartes des îles de France, de la Réunion, des Seychelles, de Madagascar, et plusieurs autres travaux scientifiques ; les plus importants sont ses observations météorologiques embrassant une série de cinquante années.... Puisse l'exemple de Lislet-Geoffroy, sorti de la classe la plus humble de la société coloniale, et parvenu à un rang des plus honorables dans le monde savant, être un noble stimulant pour la jeunesse studieuse (1) !

5° **SAINT-JOSEPH**, chef-lieu de canton ecclésiastique et civil, à 107 kilom. de Saint-Denis et à 18 de Saint-Pierre, n'a été érigé en commune qu'en 1785 et a conservé par reconnaissance le nom de son ancien commandant de quartier, M. Joseph Hubert. Le bourg est traversé par la rivière du Rempart, renommée par la bonté de ses eaux ; son église en pierre est fort jolie. Les Frères des Écoles chrétiennes et les Sœurs de Saint-Joseph de Cluny y tiennent les écoles communales; il y a une justice de paix, un notaire, etc.

La commune s'étend de la ravine de Manapany, où se trouve un pont-embarcadère et un assez bon mouillage, à celle de la Basse-Vallée, et de la mer, au sommet des montagnes ; sa superficie est de 18,493 hectares, dont les 2/3 sont encore en friche ou couverts de forêts ; elle donne : sucre, vivres du pays, tabac, etc.

La paroisse de *Sainte-Geneviève*, à la plaine des Grègues, et la chapelle de Saint-Athanase, à Vincendo, font partie de la commune de Saint-Joseph, dont la population est de 7,553 âmes.

(1) Voir, dans l'Album de l'île de la Réunion (1862), *Lislet-Geoffroy*, par M. P. Legras.

La commune de Saint-Philippe, la seule de la Partie-sous-le-Vent qui ne soit pas chef-lieu de canton, relève de la justice de paix de Saint-Joseph, qui a, comme la plupart des localités de l'île, notaire, commissaire de police, syndic des gens de travail, gendarmerie, poste aux lettres, etc.

6° **SAINT-PHILIPPE**, érigé en commune par ordonnance royale du 4 octobre 1830, à 89 kilom. de Saint-Denis et à 18 de Saint Joseph, n'est encore qu'un village auquel la route du Grand-Brûlé, terminée en 1854, a donné un peu plus d'importance. Pour eau potable, on n'a guère que l'eau des pluies, qui y sont fréquentes. Sa petite église qui s'achève, ainsi que les habitations groupées au quartier, n'a rien de remarquable. Les Frères des Écoles chrétiennes y ont une école pour les garçons, et c'est la seule commune de l'île qui ne possède pas d'école pour l'éducation des filles. Cette localité, privée d'eau, n'avait encore, à la fin du dernier siècle, que quelques rares habitants ; l'administration y fit creuser, en 1822, près du bord de la mer, le puits nommé Puits-de-Baril, assez joli travail ; d'autres puits furent creusés plus tard ; le 1er juillet 1831, une administration municipale y fut installée. En 1823, le père Minot y avait construit une chapelle, mais la paroisse érigée ensuite n'eut de curé à demeure que vers 1840.

La commune s'étend de la ravine de la Basse-Vallée au milieu du Grand-Brûlé, jusqu'à la pierre monumentale qui la sépare de Sainte-Rose. Son sol, presque entièrement recouvert de lave, a 11,400 hectares ; peu productif, il donne cependant un peu de sucre, de café et de girofle, des vivres du pays, des fruits en abondance, et, après Saint-Joseph, le plus de sacs de vacoa. Sa population est de 2,000 âmes.

Entre le rempart du Tremblet, du côté de Saint-Philippe, et le rempart du Bois-Blanc du côté de Sainte-Rose, il existe un espace d'environ 9 kilom. des côtes, que l'on appelle le *Grand-Pays-Brûlé*; c'est le lit actuel du volcan. Là, sur plusieurs lieues d'étendue, sauf quelques petites oasis, la terre n'offre aucun signe de végétation; on n'y voit que les traces d'un immense incendie.

On a dit avec raison que si Sainte-Rose est aux premières places pour voir les premiers élans du volcan, Saint-Philippe est au parterre pour admirer sa lutte terrible avec l'océan quand, furieuse et bondissante, la lave se jette au milieu des flots.

QUATRIÈME PARTIE

PRINCIPAUX POINTS BAIGNÉS PAR LA MER DES INDES. — APPENDICE.

Comme les ouvrages élémentaires qu'étudient les élèves des écoles primaires ne disent rien ou presque rien des pays baignés par l'océan Indien, et dont la plupart pourtant sont en relation avec l'île Bourbon, on a pensé qu'il serait agréable et utile aux jeunes créoles, d'ajouter à la *Notice de Bourbon* quelques notes courtes et précises sur les pays baignés, comme elle, par la mer des Indes. Ce sera pour ainsi dire une promenade à vol d'oiseau. Comme de raison, la station sera plus longue à Maurice, si gracieusement appelée par les habitants de Bourbon l'*île-sœur*, et à Madagascar d'où lui sont venus ses premiers habitants, et dont Bourbon ne fut, dans le principe, qu'une dépendance. Commençons par l'île-sœur.

CHAPITRE XX.

Maurice : Précis historique et topographique. — Situation religieuse. — Rodrigue. — Seychelles. — Madagascar : Précis topographique, provinces; Sainte-Marie. — Nossi-Bé. — Mayotte. — Les Comores.

L'île MAURICE, par 20° 14' de lat. S et 55° 11' de long. E., fut découverte, en même temps que l'île Bourbon, par les Portugais, qui la nommèrent *Cicnos* ou *Cicné*, à cause d'une espèce particulière de grands oiseaux qu'ils y remarquèrent et qui leur parurent semblables à des cygnes. Ils ne formèrent aucun établissement sur l'île déserte qu'ils venaient de découvrir.

En 1598, les Hollandais en prirent possession et lui donnèrent le nom de *Mauritius*, en l'honneur du stathouder qui gouvernait à cette époque la république néerlandaise. Quarante ans après, une première colonie, composée de quelques familles, d'un détachement militaire et d'un petit nombre d'esclaves, s'établit au *Grand-Port*, connu sous le nom de *Port-Sud-Est*, et y fonda la petite ville de Frédérick-Henry. Alors les défrichements commencèrent, la canne à sucre fut apportée de *Batavia*, et des habitations s'élevèrent bientôt çà et là dans divers quartiers de l'île, c'est-à-dire au Port-Nord-Ouest (Port-Louis), à Flacq, à la Rivière-Noire et aux plaines de Wilhems. Mais, en 1712, les Hollandais, attirés au cap de Bonne-Espérance par l'espoir d'une fortune plus rapide, abandonnèrent l'île, qui resta trois ans inhabitée. Ce fut alors qu'une petite colonie composée de créoles et de soldats volontaires de Bourbon, ayant à leur tête un missionnaire lazariste, vint occuper Maurice au nom de la France. Le 20 septembre 1715, le chevalier Guillaume Dufresne, commandant le vaisseau français *le Chasseur*, y transporta de nouveaux colons, et prit officiellement possession, au nom de son souverain, de Mauritius, qu'il appela du beau nom d'*Ile-de-France*. Enfin, en 1721, le chevalier Dufougerais-Garnier, commandant le *Triton*, de Saint-Malo, y transporta de nouveaux colons de Bourbon, parmi lesquels se trouvait encore un lazariste, et, le 23 septembre, il prenait solennellement possession de l'île. Comme monument authentique de cet acte d'occupation, une croix de 30 pieds de haut fut plantée dans l'îlôt *aux Tonneliers*, à l'entrée du port, devenu le Port-Louis. Sur cette croix se trouvaient les armes de France et cette inscription : « Qu'on ne s'étonne pas de voir les lis unis à la croix, car c'est la France qui l'a plantée ici. » Le pavillon de la nation fut arboré sur l'île vis-à-vis ladite croix.

Réunie au gouvernement de l'île Bourbon, l'Ile de France ne tarda pas, à cause de ses ports, à prendre la primauté sur sa suzeraine, de telle sorte que, vingt-cinq ans après l'arrivée des premiers colons français, elle devint le siége du gouvernement des deux îles, et, grâce aux soins éclairés de l'administration sage et habile du célèbre Labourdonnais, qui la gouverna de 1735 à 1746, la nouvelle colonie française devint en peu de temps un des comptoirs les plus florissants et l'une des stations militaires les plus importantes de la mer des Indes.

Après une héroïque résistance, cinq mois après la prise de Bourbon, une honorable capitulation fit passer l'Ile-de-France au pouvoir des Anglais, qui la possèdent encore, et qui lui rendirent son ancien nom d'*île Maurice*. Français d'origine, les Mauriciens sont restés Français par le cœur, par la langue et par leur attachement à la religion de leurs pères. Le Mauricien est doux, affable, hospitalier, spirituel; la légèreté le caractérise aussi : c'est l'homme de la capitale de son ancienne *mère-patrie*. Pourtant on s'aperçoit que la population subit d'un côté les subtiles influences de l'hérésie, et de l'autre celles toutes brutales d'un paganisme que lui apporte la masse toujours croissante d'immigrants indiens, chinois, etc. L'évêque catholique, Mgr Allen Collier, a fait de constants efforts pour créer dans son diocèse des colléges et des écoles où la foi et les mœurs catholiques sont soigneusement conservées et enseignées.

L'île Maurice est de forme elliptique; sa superficie est moindre que celle de Bourbon. L'île possède deux ports d'une grande étendue; elle a, en outre, de belles baies et d'autres ancrages. La plus belle rade est celle de *Port-Louis*, fréquentée par des navires de toutes les nations maritimes. Au centre de l'île, moins montagneuse que Bourbon, se trouvent de magnifiques plateaux où sont établies de grandes usines qui en font la richesse. Le sol est très-fécond ; la canne à sucre y prospère et donne de grands produits : cette culture est à peu près la seule à laquelle les colons consacrent leurs travaux ; les dernières récoltes en ont donné plus de 100,000,000 de kilogrammes. Maurice possède deux superbes jardins publics, savoir, le *Jardin de la Compagnie*, au centre de la ville de Port-Louis, et le *Jardin du Roi*, au quartier des Pamplemousses. Le point culminant de l'île est le sommet du piton de la montagne de la petite Rivière-Noire ; il n'atteint pas 1000 mètres.

La ville de *Port-Louis*, capitale de l'île, est, à proprement parler, la seule que possède Maurice ; sa population est considérable : le recensement fait en 1862, qui donne à la colonie 308,336 habitants, non compris la garnison qui est d'environ 2,500 hommes, et la population flottante estimée à 15 ou 16,000 personnes, porte la population de Port-Louis à 74,111 âmes. Un grand mouvement d'affaires existe sur la place de Port-Louis ; les piétons, les voitures de toute espèce et les chariots encombrent les rues. La ville possède plusieurs édifices publics dont les principaux sont : l'hôtel du gouvernement, la citadelle ou Fort-Adélaïde, les casernes, l'église catholique, le palais épiscopal, le collége royal, la mosquée des Arabes, etc. La ville possède aussi plusieurs établissements d'utilité publique et de bienfaisance, hôpitaux, collége royal, colléges et écoles catholiques, conférences de Saint-Vincent-de-Paul pour les hommes et pour les dames, bibliothèque de bons livres, léproserie, etc., etc.

La religion dominante est la catholique ; cependant on y trouve de nombreux temples protestants pour toutes les sectes, des mosquées pour les Arabes, et des pagodes pour les Chinois et pour les Indiens qui y sont très-nombreux. Le R. bishop, ou évêque anglican, porte le nom d'*évêque de Maurice* ; l'évêque catholique porte le titre d'*évêque de Port-Louis*.

L'île Maurice reçut ses premiers missionnaires, comme ses premiers colons français, de l'île Bourbon, et les Lazaristes furent chargés de cette mission jusqu'à la Révolution française. Dans ce temps calamiteux, les missionnaires eurent leur part des désastres publics ; mais, se renfermant dans l'exercice de leur saint ministère, ils ne furent pas inquiétés dans leurs personnes et dans leurs fonctions. En 1805, il ne restait que trois missionnaires. La capitulation qui fit passer l'Ile-de-France sous la domination britannique, garantit la liberté de leur culte aux colons, qui s'empressèrent de demander de nouveaux missionnaires pour la restauration du service religieux. Mgr Slater, évêque de Ruspa, y fut envoyé comme vicaire apostolique ; quelques prêtres l'y suivirent. En 1833, Mgr Morris, évêque de Troie, le remplaça ; et en 1840, Mgr Collier fut sacré, à Rome, évêque de Milève, et nommé par S. S. Grégoire XVI au vicariat apostolique de Maurice, que N. S. P. le Pape Pie IX érigea en diocèse en 1847. Lorsque Mgr Collier arriva à Maurice, il restait encore beaucoup de ruines à relever ; quatre paroisses seulement existaient dans l'île. Secondé par quelques prêtres zélés, il en entreprit la régénération religieuse : de nouvelles paroisses et chapelles furent érigées, des écoles ouvertes, des sociétés de charité et de bienfaisance établies, etc. Aussi, aujourd'hui, le diocèse de Port-Louis possède, outre le clergé colonial, les Pères du Saint-Esprit et du Saint-Cœur de Marie, les Pères de la Compagnie de Jésus, les Frères des écoles chrétiennes, les Dames religieuses de la maison de Lorette d'Irlande, les Sœurs de charité mauriciennes suivant la règle de Saint-Vincent-de-Paul, plusieurs colléges et écoles catholiques, etc. Le diocèse se divise en 13 paroisses : 1° la Cathédrale, sous le vocable de *Saint-Louis, roi de France*; 2° *l'Immaculée-Conception*, à Port-Louis aussi ; 3° *Saint-François*, aux Pamplemousses ; 4° *Sainte-Philomène*, à la Poudre-d'Or ; 5° *Saint-Julien*, à Flacq ; 6° *Saint-Esprit*, à la Rivière-Sèche de Flacq ; 7° *Notre-Dame*, au Grand-

Port; 8° *Saint-Pierre*, à Moka; 9° *Saint-Jean*, aux plaines Wilhems; 10° *Saint-Sauveur*, aux Bambous; 11° *Saint-Augustin*, à la Rivière-Noire; 12° *Saint-Jacques*, à la Savane; 13° enfin *Notre-Dame-de-la-Salette*, nouvellement érigée à la Grande-Baie.

Chacune de ces paroisses a une église, un presbytère et un cimetière; et 41 chapelles réparties jusqu'aux districts et aux cantons les plus reculés, formant autant de succursales dans l'arrondissement des paroisses.

Sous le rapport civil, l'île Maurice compte, outre la municipalité de Port-Louis, 8 districts ruraux qui sont, en suivant le tour de l'île et en commençant par le nord de Port-Louis:

1° Les *Pamplemousses*, 53,598 habitants; la localité va être dotée d'une école tenue par les Frères des écoles chrétiennes;

2° La *Rivière-du-Rempart*, 19,331 habitants;

3° *Flacq*, 41,468 habitants;

4° Le *Grand-Port*, 35,564 habitants;

5° La *Savane*, 21,026 habitants;

6° La *Rivière-Noire*, 17,171 habitants;

7° *Plaines Wilhems*, 28,020 habitants;

8° Enfin le district intérieur de Moka, qui compte 17,704 habitants.

De Maurice dépendent l'île *Rodrigue*, le groupe de *Chagos*, les *Seychelles*, les *Amirantes*, et plusieurs autres petites îles au nord et au nord-est de Madagascar :

Rodrigue, par le 19° 40' latitude sud et le 61° est, n'a qu'une longueur de 30 kilom., 2 ou 300 habitants d'origine française, qu'un missionnaire catholique de Maurice visite une fois l'année. Sol en partie fertile, mais manquant d'eau potable. Le groupe de *Chagos*, par 7° 10' latitude sud et 70° 8' de longitude est. L'île principale a près de 60 kilomètres de tour. Climat très-sain, sol presque stérile. Les Mauriciens y ont fondé quelques établissements. L'archipel des *Seychelles*, entre le 3° 30 et 7° 30' de latitude sud, et entre les 50 et 54° de longitude est, se compose de deux groupes.

Les îles *Mahé* ou *Seychelles* proprement dites, au NE; et les *Amirantes*, au SO : en tout, 42 petites îles.

Les *Seychelles* furent découvertes vers la fin du quinzième siècle par les Portugais, lors de leur premier voyage dans les Indes. Elles étaient inhabitées. Le célèbre Mahé de Labourdonnais les fit explorer et en fit prendre possession au nom de Louis XV, roi de France, par le capitaine Picault. Quelques familles françaises des îles de France et de Bourbon vinrent les premières les coloniser, et s'y livrer à la culture du girofle, de la cannelle, du café, de la canne à sucre et autres produits coloniaux. Ces premiers colons apportèrent avec eux les bons principes de la religion catholique, qu'ils léguèrent à leurs enfants et même à leurs esclaves.

Les effets de la révolution de la mère patrie vinrent troubler le bonheur de la petite colonie. En 1814, elle fut définitivement cédée à l'Angleterre, qui la possède encore. Les Seychelles, restées si longtemps sans prêtre, dépendaient du vicariat apostolique de l'île Maurice, qui, manquant lui-même de missionnaires, ne pouvait y en envoyer. En 1851, le R. P. Léon des Arvenchers, missionnaire d'Aden, les visita et y séjourna quelque temps; peu après, l'Archipel fut détaché du diocèse de Port-Louis, érigé en préfecture apostolique, et confié aux Pères Mineurs capucins, qui depuis y travaillent avec succès et y ont construit sept églises ou chapelles.

Les Seychelles sont susceptibles de donner les produits que l'on trouve à l'île Bourbon; les cocotiers y abondent, et elles paraissent être la patrie du coco de mer, remarquable par sa forme double et sa grosseur. La préparation d'huile de coco est la principale industrie du pays. Les côtes sont très-poissonneuses. Le climat est des plus excellents; il convient surtout, par son uniformité et sa douceur, aux poitrines délicates, et les médecins de Maurice et de Bourbon le conseillent aux poitrinaires qui ne sont pas trop avancés, et qui en reviennent souvent guéris.

Le groupe compte une trentaine d'îles; la principale est *Mahé*, dont le petit territoire n'a guère que 24 kilomètres de circonférence. Son aspect, au centre d'un grand nombre d'îlôts, est des plus gracieux. Sa population est de 6,000 âmes. Elle renferme Port-Victoria, chef-lieu de la colonie. Les steamers qui font le service de la *malle* y font escale. Port-Victoria possède un petit chantier, une imprimerie, etc. Le préfet apostolique de la mission catholique y réside. Une belle église, pour la localité, en fait le plus bel ornement; elle est dédiée à l'Immaculée-Conception. Les Sœurs de Saint-Joseph de Cluny y ont un établissement, et les missionnaires allaient y appeler les Frères des écoles chrétiennes, lorsque l'ouragan du 12 octobre 1862, qui a fait tant de mal aux Seychelles, est venu retarder la réalisation de ce projet. A la nouvelle d'un pareil désastre, inouï dans ces parages, en dehors des *coups de vent* si fréquents dans les régions plus rapprochées des tropiques, les îles-sœurs, Bourbon et Maurice se sont empressés d'envoyer des secours abondants à la colonie si cruellement éprouvée. Les autres principales îles du groupe sont *Praslin* et la *Digue*, qui ont 500 âmes chacune; viennent ensuite *Silhouette* du *nord*, *Curieuse*, les *Sœurs Félicité*, etc., sur lesquelles est disséminé le reste de la population, qui est de 8,000 habitants.

Le groupe des Seychelles, très-important pour sa position centrale, au sein de la mer des Indes, va le devenir encore davantage par le percement de l'isthme de Suez.

Les *Amirantes*, au SO des Seychelles et au NE de Madagascar, sont au nombre de douze, mal cultivées et peu peuplées ; on y va pêcher les tortues. Les principales îles du groupe sont : les *Africaines*, l'*Étoile*, la *Louise*, et la *Boudeuse*.

MADAGASCAR. — L'île Madagascar, située dans la mer des Indes, et séparée du continent par le canal de Mozambique, fut découverte par les Portugais en 1508 ; mais il est certain que les Arabes l'ont visitée beaucoup plus tôt ; peut-être même les anciens en ont-ils eu quelque connaissance. Cette île ne fut, pendant près d'un siècle, qu'un point de relâche pour les navigateurs français, anglais et portugais qui se rendaient aux Indes.

La France y planta son pavillon en 1642, et y forma successivement plusieurs établissements, dont les principaux sont : *Fort-Dauphin*, *Mangafia* ou *Sainte-Luce*, *Tamatave*, *Foulpointe*, *Sainte-Marie*, la *Pointe-à-Larrée* ou *Tintingue*, *Louisbourg*, et quelques autres comptoirs dans la baie d'Atongil. Sous Louis XIV, l'île reçut le nom de *France-Orientale*. Le traité de Paris (30 mai 1814) reconnut les droits de la France sur Madagascar, droits confirmés de nouveau, dit-on, par le traité d'amitié, de commerce et de navigation conclu en septembre 1862, à Tananarivo, entre la France et Madagascar.

L'île s'étend, en longueur, entre 12° 12' et 25° 45' latitude sud, et en largeur, entre 41° 20' et 48° 50' longitude est de Paris. Elle mesure 132 myriamètres du nord au sud, et 54 de l'est à l'ouest, dans sa plus grande largeur. On estime l'ensemble de ses côtes à 345 myriamètres. Sa superficie est d'environ 4,000 myriamètres carrés, un peu moins que la France, qui en compte plus de 4,300. Sa population est de 6,400,000 âmes, formant plusieurs peuplades : celle des Hovas domine les autres, et Radama II, son roi, prenait le nom de roi de Madagascar.

Une chaîne de montagnes assez élevées la traverse dans toute sa longueur, et envoie de chaque côté des rameaux plus ou moins considérables. De nombreux cours d'eau descendent des hauteurs et fertilisent les vallées ; plusieurs même sont navigables et atteignent 400 à 450 kilomètres d'étendue. Les côtes offrent en outre des baies très-commodes et très-sûres.

On a beaucoup exagéré l'insalubrité du climat de Madagascar ; avec de la conduite et des soins, ses fièvres, si redoutées des Européens, ne sont pas aussi dangereuses qu'on le dit. Le sol est d'une fécondité et d'une variété rares : on y cultive à la fois les végétaux des zones torride et tempérées.

Du cristal de roche, des agates, des grenats, du fer, du cuivre, du plomb, de l'étain, des traces de sable aurifère, des bancs de sel gemme, de la houille, etc., voilà ce que l'on connaît du règne minéral. Quant au règne végétal, il est d'une richesse remarquable; on cite en première ligne le riz, le café, la canne à sucre, le coton, le cacao, l'indigo, les épices, le tabac, les légumes, etc., des arbres à résine et une foule de bois propres aux constructions navales et civiles ainsi qu'à l'ébénisterie. On ne trouve ni éléphants, ni girafes, ni lions à Madagascar, mais le règne animal y est représenté par de nombreuses tribus de singes, une grande quantité de sangliers, de chats et de chiens sauvages, une espèce de lynx, des bestiaux de fort belle race, beaucoup de gibier ailé, des vers à soie sauvages, d'innombrables légions de poissons sur les côtes, des caïmans dans les fleuves, les lacs et les marais.

Tananarivo, ou la ville aux mille villages, capitale de Madagascar, sur le plateau d'Ankova, au centre de l'île, est à 1,500 mètres au-dessus du niveau de la mer. Sa population est de 70,000 âmes. Le palais du roi est fort remarquable. Depuis l'avénement de Radama II, les missionnaires de la Compagnie de Jésus y possèdent plusieurs établissements : églises, colléges, écoles, imprimerie. Assise sur une colline assez élevée, la ville se trouve dans une position plus pittoresque que commode. La France a un consul à Tananarivo, et un agent consulaire à Tamatave. — *Tamatave*, sur la côte orientale, est le principal centre du commerce de toute l'île ; sa population est de 30,000 âmes. Les missionnaires catholiques y sont établis ; les Sœurs de Saint-Joseph de Cluny y ont, ainsi qu'à Tananarivo, une école et un hôpital.

Voici les principales provinces de Madagascar, en suivant le tour de l'île et en commençant par le nord, et descendant au sud par l'est :

L'ANKARA comprend l'extrémité nord de Madagascar, du cap d'Ambre à la baie Passandava à l'ouest, et à la baie d'Atongil à l'est. Les côtes de l'Ankara sont très-remarquables au point de vue des facilités qu'elles offrent à la navigation. Non loin du cap d'Ambre, sur la partie orientale, se trouve la baie de *Diégo-Suarez*, qui, dit-on, n'a pas sa pareille ni pour l'étendue, ni pour l'ancrage. Le *Port-Liverpool*, situé à l'ouest de Diégo-Suarez, offre un refuge aux navires qui, venant du canal Mozambique, ne peuvent, à cause des vents, doubler le cap d'Ambre. Nossi-Bé est sur les côtes de l'Ankara.

L'ANTAVARASTE. La grande baie d'Atongil forme sur les côtes de cette province une vaste échancrure. C'est là qu'en 1774 furent fondés les établissements du comte de Benyowki. On y remarque les ports *Choiseul* et *Louisbourg*, jadis siége principal de l'établissement français de la baie d'Atongil. Viennent ensuite, au sud, la baie *Tintingue* et la *Pointe-à-Larrée* qui n'est qu'à 4 ou 5 kilomètres de la petite île *Sainte-Marie-de-Madagascar*.

Le Betsimisaraka est très-peuplé et d'une extrême fertilité. C'est l'une des parties de Madagascar qui furent le plus fréquentées par les Européens, qui s'arrêtèrent surtout à *Fénérife*, à *Foulpointe* et à *Tamatave*.

Le Betanimena et l'Antatsimou produisent beaucoup de riz et de bestiaux qu'on est obligé de faire conduire à Tamatave pour l'exportation. Mahéla, par le 21° latitude sud, a un fort et une garnison de Hovas, et une mission catholique.

L'Antaimouri et l'Antarai, où se trouvent *Mananzari*, *Matatane* et *Mananghara*, anciens établissements français. Ces provinces sont fertiles comme les autres de la côte orientale.

L'Anossi, province la plus au sud de la côte orientale, est en même temps la première où les Français s'établirent, d'abord à *Mangafiata* ou baie *Sainte-Luce*, puis à *Fort-Dauphin*, qui fut autrefois le plus important de nos établissements; aussi on y trouve des vestiges de l'ancienne occupation française : ruines d'églises, restes de murailles, de fortifications, puits, etc.; de beaux bois de citronniers, d'orangers et de grenadiers, plantés autrefois par les Français, entourent encore Fort-Dauphin.

L'Androui, peu peuplé, offre peu de ressources au commerce.

Le MAHAFALI et le FÉÉRÈGNE. C'est entre ces deux provinces que se trouve la baie de *Saint-Augustin*, fréquentée par les navires de Bourbon et les baleiniers américains. C'est à Saint-Augustin que le vénérable M. Dalmont tenta en 1845 son premier essai d'évangélisation de la Grande-Terre de Madagascar. La côte est aride, mais l'intérieur donne : bétail, gomme, cire, orseille, indigo, coton, vers à soie, etc.

Le MÉNABÉ. Au nord de la rivière Saint-Vincent commence le pays habité par les Sakalaves ; il s'étend jusqu'à la baie de *Passandava*, et peut être divisé en trois parties principales : le *Ménabé*, l'*Ambongou*, et le *Boueni*. Le Ménabé est la plus étendue des provinces de Madagascar ; ses côtes sont peu accessibles, mais sous le rapport de la fertilité, le pays est admirablement doué.

L'AMBONGOU. Son territoire est peu étendu ; la végétation y présente la même vigueur que dans le Ménabé. La baie de Bâli, où les missionnaires catholiques ont essayé plusieurs fois de s'établir, est assez fréquentée.

Le BOUENI. C'est une des plus importantes provinces de Madagascar, au point de vue de la colonisation par un peuple européen. Les côtes sont sillonnées par des baies qui peuvent être comprises parmi les plus grandes et les plus sûres de l'hémisphère austral ; la plus importante est celle de

Bombetok, qui reçoit le *Betsibouka,* le plus grand fleuve de Madagascar. Les boutres arabes le remontent jusqu'à son confluent avec l'Ikoupa, son principal affluent, qui prend naissance au centre même de l'*Ankova*. L'Ikoupa est navigable plusieurs journées avant de se jeter dans le *Betsibouka*. Cette voie fluviale peut être d'une grande ressource pour communiquer de Tananarivo à Bombetok, qui est le point le plus commerçant de la côte occidentale.

Au centre de Madagascar, on compte cinq provinces placées assez exactement l'une à la suite de l'autre, en descendant du nord au sud, savoir :

L'Antsianaka, riche en minéraux et très-fertile. Ses habitants passent pour très-industrieux.

L'Ankova, ou pays des Hovas, formé par un immense plateau que la chaîne médiane entoure presque complétement. Sa partie centrale est très-peuplée; la campagne est parsemée de villages, et il y règne une grande activité. C'est dans la province de Madagascar que l'agriculture et l'industrie sont le plus avancées. Elle possède Tananarivo, capitale de Madagascar.

Le Betsileo. Cette province est couverte de grandes forêts; elle est peu cultivée. Les habitants sont en général pasteurs.

Le Voumirou et le Machikora. Peu de voyageurs ont pénétré dans ces provinces, qui paraissent pauvres et privées de toute espèce de civilisation.

La reine actuelle de Madagascar est Rasoahery, veuve de Radama II, assassiné le 12 mai 1863. Dès son avénement au trône, ce prince s'était déclaré l'ami et le protecteur des blancs et de leur civilisation. A l'occasion de son couronnement (septembre 1862), il avait conclu avec S. M. l'empereur des Français un *traité d'amitié* et de *commerce* qui, entre autres avantages, contient celui-ci :

« Les sujets français jouiront de la faculté de pra-
» tiquer ouvertement leur religion. Les mission-
» naires pourront librement prêcher, enseigner,
» construire des églises, séminaires, écoles, hôpi-
» taux et autres édifices pieux qu'ils jugeront con-
» nable, en se conformant aux lois du pays. Ils
» jouiront de droit de tous les priviléges, immuni-
» tés, grâces ou faveurs accordés à des mission-
» naires de nation ou de secte différente. Nul Mal-
» gache ne pourra être inquiété au sujet de la
» religion qu'il professera, en se conformant aux
» lois du pays. » — Enfin Radama II, dans le but de favoriser et de hâter la civilisation de son peuple, a donné pouvoir, par une charte signée de sa main, à M. J. Lambert, qu'il a créé duc d'Émirne et son plénipotentiaire, de constituer une *vaste compagnie* pour l'exploitation des mines de Madagascar, des forêts et des terrains situés sur les côtes et dans l'intérieur, avec le droit de créer des rou-

tes, canaux, chantiers de construction, établissements d'utilité publique, de faire frapper des monnaies à l'effigie du roi; en un mot, faire tout ce qu'elle jugera convenable au bien du pays.

La France possède, près des côtes de Madagascar, trois postes militaires dont un se trouve sur la côte E, *Sainte-Marie*; un autre le long de la côte NO, *Nossi-Bé*; un troisième enfin dans le canal Mozambique, *Mayotte*, l'une des îles Comores :

1° SAINTE-MARIE-DE-MADAGASCAR. En face de Tintingue et de la Pointe-à-Larrée, à 4 ou 5 kilomètres de cette dernière, se trouve l'île Sainte-Marie, établissement français depuis 1750. Elle a 48 kilomètres de long sur une dizaine de largeur, et une centaine de tour. Sa superficie est évaluée à 90,975 hectares. Elle est séparée par un bras de mer en deux parties, dont la plus petite, appelée îlôt, peut avoir 8 kilomètres de tour. Du côté de l'est, Sainte-Marie est protégée de la fureur de l'Océan par une ligne de récifs de 32 kilomètres de long, qui est séparée d'elle par 4 kilomètres environ. Le canal qui sépare Sainte-Marie de la Grande-Terre n'est, à proprement parler, qu'une rade continue, vaste et sûre, et dont la tenue est excellente. L'aspect de l'île est agréablement pittoresque; la disposition variée de ses coteaux verdoyants, les arbres qui les couronnent, l'heureuse disposition de quelques villages, lui donnent un air gai et riant. Les eaux y sont abondantes et assez belles, mais certaines parties marécageuses y donnent naissance à des fièvres dangereuses. Le sol est en partie propre aux cultures qui se font à Bourbon, et la partie de l'île défrichée compte quelques habitations. Les matériaux propres aux constructions, tels que pierres, chaux, terre et briques, etc., y sont abondants ; on y a reconnu en plusieurs endroits l'existence de mines de fer.

L'île Sainte-Marie dépend aujourd'hui du gouvernement de l'île de la Réunion. Un commandant particulier y est placé à la tête de l'administration civile et militaire ; il réside à Port-Louis, sur l'*îlôt Madame*, où se trouvent aussi le personnel de l'administration, la garnison, la plupart des Européens, le siége de la mission catholique, l'école et l'hôpital, confiés aux Sœurs de Saint-Joseph de Cluny. La population de Sainte-Marie est de 5 à 6 mille âmes. On y voit le tombeau du vénérable M. Dalmont, premier vicaire apostolique de Madagascar, à qui la Mission est si redevable (1).

2° Nossi-Bé. C'est en 1841 que l'établissement français de Nossi-Bé a été fondé. L'île est située à quelques kilomètres de la Grande-Terre, et n'a qu'environ 22 kilomètres dans sa plus grande lar-

---

(1) L'*Almanach religieux* de Bourbon pour 1863 contient une notice fort intéressante sur ce saint et zélé missionnaire, né dans le diocèse d'Albi en 1800 et mort à Sainte-Marie, le 21 septembre 1847.

geur. Son contour est irrégulier, échancré par des baies profondes, environné d'îlôts. Elle offre une rade vaste et sûre, des ports commodes et de bons mouillages. La configuration du sol est peu variée; le morne le plus élevé n'a que 460 mètres de hauteur, et est couvert d'une forêt touffue. Le terrain est sillonné par de nombreux ruisseaux qui, avant de se jeter à la mer, forment des marécages qui donnent naissance aux fièvres. Les productions de Nossi-Bé sont nombreuses et variées : le riz y est en abondance, la canne à sucre y prospère très-bien ; le maïs, le manioc, la patate douce sont d'un beau rapport ; le café y donne de beaux produits ; les bois de construction sont abondants et d'une exploitation facile ; enfin on y trouve en grande quantité les animaux domestiques destinés à l'alimentation. Les côtes sont fort poissonneuses, et les coraux du rivage recèlent une grande variété des plus belles coquilles recherchées dans les collections.

Administrativement, Nossi-Bé dépend du commandant supérieur de Mayotte; elle est gouvernée par un commandant particulier résidant à Hell-Ville, où se trouvent aussi la garnison, les autorités, les missionnaires, les Sœurs de Saint-Joseph de Cluny, le tribunal, etc. La population de Nossi-Bé est d'environ 25,000 âmes, Sakalaves en majeure partie ; mais on y trouve aussi confondues les autres races de Madagascar, les Amalotes ou

Arabes des Comores, la race Mozambique, etc.

De nos trois possessions de Madagascar, Nossi-Bé est peut-être celle qui présente le plus d'intérêt et le plus d'agrément, tant sous le rapport commercial que sous le point de vue militaire (1).

MAYOTTE ou MAHORÉ, à 54 lieues marines dans le nord-ouest de Nossi-Bé, et à 300 de Bourbon, en contournant le cap d'Ambre par la voie la plus directe. L'île a la forme allongée dans le sens nord et sud. L'intérieur est dominé par une chaîne de montagnes. Les côtes sont découpées par une foule d'anses et de baies. L'immense ceinture de coraux qui l'entourent a plusieurs passes qui permettent aux navires de haut bord de parvenir dans une rade vaste et sûre. Mayotte passe pour la plus saine des Comores. Sa superficie est estimée à environ 32,000 hectares. Sa population est de 5 à 6 mille âmes, y compris la petite garnison et les colons européens. Mayotte, comme les autres îles de l'archipel des Comores, paraît devoir produire presque tous les végétaux qui viennent à la Réunion et à Madagascar ; les principales productions sont des denrées alimentaires, du café, et déjà une bonne quantité de sucre. Les principaux îlots qui entourent Mayotte sont *Bouzi, Zambourou, Pamanzi* et *Dzaoudzi*. C'est ce dernier qu'habitent le com-

---

(1) Pour plus de détails, voir l'*Almanach religieux* de l'île Bourbon, pour 1862.

mandant supérieur, le personnel de l'administration, les missionnaires, les Sœurs de Saint-Joseph de Cluny, etc. Mgr Monnet, deuxième vicaire apostolique de Madagascar, y est mort en 1849, en arrivant dans sa mission. Sous une modeste tombe repose le R. P. Mathieu, S. J. (1), qui y mourut victime de son zèle et de sa charité, le 7 septembre 1859.

Iles Comores. Ce groupe est situé au nord du canal de Mozambique; les principales sont : *la Grande-Comore*, la plus élevée dans le nord; *Mohély*, au sud-est de la première; *Anjouan*, à l'est de Mohély, et *Mayotte*, dont on vient de parler, au sud-est des trois autres. Ces îles, par leur position géographique, présentent de grands avantages comme position maritime. On estime à 8,000 âmes leur population totale.

La Grande-Comore, qui a donné son nom à l'archipel, est en général peu connue; on sait seulement qu'elle est occupée, comme Anjouan et Mohély, par un peuple de race arabe plongé dans la barbarie, et ne cultivant la terre que dans la mesure de ses besoins.

(1) Né le 14 septembre 1815, à Aix en Provence, le R. P. Mathieu arrivait à l'île Bourbon le 10 février 1848. Sur ses douze années de mission, dix furent consacrées à Bourbon, soit à la Ressource, soit au collége Sainte-Marie. Aussi sa mort excita les regrets les plus universels dans la colonie qui avait apprécié ses talents, son zèle et ses vertus. (Voir sa notice dans l'*Almanach de Bourbon* pour 1861.)

Mohély est entourée en partie d'une ceinture de récifs. L'île est assez montagneuse ; elle est fertilisée par une quantité de petites rivières remplies de poissons ; ses pâturages sont excellents et nourrissent beaucoup de bétail ; ses côtes fourmillent de carets, et la vente de l'écaille est le grand commerce du pays. La capitale, située à l'est de l'île, contient environ six cents maisons et quatre mosquées ; on y trouve, ainsi qu'à Comore et à Anjouan, plusieurs villes ou villages dont les maisons, construites en pierres et ornées de terrasses, offrent un assez riant aspect.

Anjouan. C'est, après Mayotte, celle des Comores qui présente le plus d'intérêt. Ses montagnes sont peu élevées, et ses coteaux riants et fertiles sont arrosés par un grand nombre de petites rivières. Les plantes et les arbres fruitiers de l'Inde y viennent presque sans culture ; ceux d'Europe y réussissent également bien aussi. La ville de Domoni, sa capitale, est entourée de murailles et défendue par une petite forteresse. Le sultan d'Anjouan dominait autrefois sur tout l'archipel.

CHAPITRE XXI.

Cap de Bonne-Espérance. — Port-Natal. — Mozambique, Zanguebar et Ajan. — Mer Rouge. — Suez. — Aden. — Mascate.

CAP DE BONNE-ESPÉRANCE, belle et vaste colonie anglaise, à l'extrémité australe de l'Afrique. Elle tire son nom de ce fameux cap, atteint en 1486 par le Portugais Barthélemi Diaz, et doublé, onze ans après, par son compatriote Vasco de Gama. — Les productions du Cap excitent l'enthousiasme des naturalistes, qui y font tous les jours de nouvelles découvertes. Nous ne mentionnerons que les riches mines de cuivre, exploitées depuis peu, les animaux domestiques et les plantes utiles de l'Europe, acclimatées dans les environs de la capitale; les forêts, qui couvrent des terrains immenses et renferment des bois précieux; enfin, les célèbres vignobles de Constance. La superficie de la colonie est de 306,000 kilomètres, et sa population d'environ 300,000 habitants, appartenant à différents cultes. La mission catholique, dont la restauration est due à l'initiative d'un missionnaire de Bourbon, l'abbé Brady, ancien curé de Saint-Paul, et depuis premier évêque de Perth en Australie, fut érigée en vicariat apostolique en 1837, et en forme deux aujourd'hui. La mission y est florissante.

Le Cap (25,000 âmes) est une ville formidablement fortifiée et remarquable par ses rues tirées au cordeau, ses maisons décorées avec goût, sa belle église, son hôtel du gouverneur, son champ de Mars, son superbe jardin botanique, sa riche ménagerie, son Collége-de-l'Afrique-du-Sud, sa bibliothèque et son hôpital. Le percement de l'isthme de Suez va nuire à son importance commerciale et militaire.

Georgetown (17,000 âmes) est la deuxième ville de la colonie. — *Simonstown* (1,200 âmes), sur *False-Bay*, possède de beaux chantiers et un port qui sert de supplément à celui du Cap.

La colonie de PORT-NATAL, en Cafrerie, fondée en 1824 par les boers, ou fermiers hollandais, leur a été enlevée, comme celle du Cap, par les Anglais. Son territoire est vaste et compte une population d'environ 100,000 habitants. Le catholicisme y fait des progrès. S. S. Pie IX a érigé la colonie en vicariat apostolique, qu'il a confié aux missionnaires oblats de Marie-Immaculée; de Natal ils ont pu pénétrer en Cafrerie et y établir plusieurs missions.

CAPITAINERIE DE MOZAMBIQUE, aux Portugais, comprend les côtes de *Sofala* et de *Mozambique*, et s'étend de la baie de Lagoa au cap Delgado, sur une longueur de plus de 2000 kilomètres. Ces côtes participent à l'insalubrité du climat qui règne le long de la côte orientale d'Afrique; mais elles sont riches en produits naturels : on y trouve des mines d'or, etc. Les Portugais s'attribuent 300,000 habitants, idolâtres pour la plupart, car la mission portugaise est loin d'y être florissante. — *Mozambique* (4000 âmes), sur l'îlot de ce nom, possède une citadelle et une garnison. Saint François Xavier, en se rendant aux Indes, y passa l'hivernage de 1541-42, et y fit admirer son zèle et sa charité. Près, et au nord, se voit *Mésuril*, qui a 10,000 habitants, et qui est devenu le grand centre commercial de la capitainerie. — *Quillimané* (3,500 âmes), à l'embouchure du Zambèze, fait quelque commerce. — *Sofala*, à l'embouchure de la rivière de ce nom, était jadis la capitale d'un royaume riche en or, que quelques savants ont regardé comme l'Orphir de l'Écriture.

COTES DE ZANGUEBAR ET D'AJAN, faisant suite à la côte de Mozambique, s'étendent jusqu'au cap *Gardafuy*, et sont presque entièrement sous la domination du sultan de Mascate. On estime leur population à 2 millions d'habitants. Le point le plus important est la ville de *Zanzibar*, sur l'île du même nom, près la côte du Zanguebar, à 20 kilomètres seulement du continent africain, par 37° long. est, 6° latit. sud. L'île a 80 kilom. de long sur 25 de large. Climat agréable, brise de mer qui tempère les chaleurs; sol excellent, ne demandant qu'un peu de travail pour donner les plus riches produits de la zone torride ; objets de première nécessité à très-bon marché, comme les terres et le salaire des travailleurs indigènes. L'île de Zanzibar, qui compte environ 250,000 habitants, dont les trois quarts sont africains, est devenue depuis quelques années un des pays les plus florissants de l'Afrique ; sa capitale, résidence d'un iman, compte 75,000 âmes, généralement de mœurs douces. C'est aujourd'hui la première place importante de toute la côte orientale de l'Afrique, la résidence de plusieurs consuls et de quelques négociants européens. Sa rade est excellente. Le siége de la mission catholique, confié à Mgr l'évêque de Saint-Denis (île de la Réunion) par S. S. Pie IX, et qui comprend, avec une profondeur inconnue à l'ouest, les pays situés entre le cap Delgado et l'Équateur, est à Zanzibar. Un vicaire général de Saint-Denis en est le supérieur; quelques missionnaires du diocèse, quelques religieux du Saint-Esprit, et les Filles-de-Marie, religieuses créoles de l'île Bourbon, secondent son zèle. Une chapelle a été ouverte ainsi que des écoles, des hôpitaux et des ateliers; enfin une mission a été établie sur la côte du Zanguebar.

Au sud de Zanzibar, se trouve l'île *Monfia* (*Quilva*), qui possède un beau port. En remontant la côte jusqu'au golfe *Aden*, on rencontre l'île PEMBA, très-riche en bois de construction; MONBAZA, avec un beau port et des factoreries anglaises et américaines ; MÉLINDE, qui a eu jusqu'à 200,000 habitants et n'est plus qu'une bourgade insignifiante ; BRAVA, qui possède un port assez fréquenté ; MAGADOXO, dont on voit les mosquées de fort loin, était naguère la capitale du principal royaume du Zanguebar ; elle est ruinée aujourd'hui. Les pays immenses à l'ouest de la côte du Zanguebar sont fort peu connus, excepté le PAYS DES GALLAS et celui de SOMAULIS qui a un port sur la mer Rouge, *Berbéra*; il s'y tient chaque année une foire qui attire beaucoup de caravanes. *Zeyla*, sur le golfe d'Aden, se distingue également par son activité ; enfin l'île SOCOTORA, à environ 200 kilomètres est du cap Gardafui, n'est remarquable que par son aridité : elle a 120 kilomètres de long, et 30 de large. Sa population, presque toute arabe, n'est que de 6 à 7,000 habitants, *Tamarida* en est la capitale. Socotora, comme Mélinde, fut visitée par saint François-Xavier en 1542. Les pays dont nous venons de parler, de l'Équateur en remontant la côte jusqu'en Abyssinie, forment une mission immense confiée aux RR. PP. capucins. Au milieu du détroit de Bab-el-Mandeb, se trouve l'île de Périm ; les Anglais s'y sont établis et l'ont fortifiée pour commander le détroit. Sur les côtes de l'Abyssinie, le port de Zoulla et l'île *Massouach* ont été cédés à la France. *Souakim*, port excellent, le seul de Nubie ; *Kosseïr*, fréquenté par les pèlerins de la Mecque. C'est dans les vastes déserts qui s'étendent entre Suez et Kosseïr, que se trouve cette Thébaïde si fameuse dans l'histoire érémétique; c'est là que se sont sanctifiés les Paul, les Antoine, les Pacôme, et tant d'autres pieux solitaires dont on retrouve encore les grottes taillées dans le roc. C'est dans les mêmes parages, comme le soutient le célèbre P. Sicard, que, vis-à-vis la vallée de *Bédéa*, 50 kilom. environ avant d'arriver à Suez, les Israélites, sous la conduite de Moïse, passèrent la mer Rouge à pied sec.

SUEZ, sur l'isthme, le golfe et le canal de ce nom, a acquis beaucoup d'importance depuis qu'il fait partie de la ligne des bateaux à vapeur qui font le service d'Europe aux Indes ; importance qui augmentera encore lorsque le célèbre canal qui doit mettre en communication la Méditerranée et la mer Rouge sera terminé, et que le canal dérivé du Nil y conduira l'eau douce qui manque à Suez.

Le grand canal maritime, qui doit avoir 150 kilomètres de longueur, 100 de largeur et 8 de profondeur, est déjà creusé dans la première partie de son parcours (janvier 1863), c'est-à-dire depuis la Méditerranée jusqu'au lac *Timsah*, situé vers le milieu de l'isthme. Encore un effort pour relier ce lac à la mer Rouge, et, sous l'impulsion intelligente non moins qu'énergique d'un Français désormais illustre (M. Ferdinand de Lesseps), notre siècle verra terminer bientôt l'entreprise glorieuse qui va établir un immense mouvement de va-et-vient entre les cinq parties du monde. Par suite, deux points de ces parages vont prendre une grande importance : *Port-Saïd*, à l'entrée du canal dans la Méditerranée, et le lac *Timsah* qui sera le port de ravitaillement pour les navires engagés dans le canal maritime, et qui verra ses bords couverts de magasins où s'accumuleront les trésors apportés de l'Égypte par le canal d'eau douce déjà achevé jusque-là, et dérivant du Nil, de l'Asie par les caravanes, des Indes par la mer Rouge, et de l'Europe par la Méditerranée.

Suivant ensuite les côtes de l'Arabie, on rencontre *Tor*, sur le golfe de Suez, possédant un petit port et des eaux thermales très-réputées. Dans ses environs se trouvent le mont *Horeb* et le mont *Sinaï*, si vénérables par leurs souvenirs.

Akaba, au fond du golfe de ce nom, forteresse turque sur l'emplacement d'*Asiongaber*, d'où partaient les flottes de Salomon. — *Yambo*, regardé comme le port de Médine, deuxième ville sainte des musulmans, qui y vénèrent le tombeau de Mahomet. — *Djedda*, ville forte et principal entrepôt maritime de la côte. — *Hedjaz* sert de port à la Mecque, ville sainte des mahométans, située dans un vallon stérile, à 46 kilom. de la mer Rouge.— *Moka*, à environ 80 kilomètres avant d'arriver à l'isthme de Suez, jouit d'une grande renommée pour son café, le meilleur que l'on connaisse, et dont l'excellent café Bourbon tire son origine.

ADEN, ville d'Arabie dans l'Yémen, à l'entrée de la mer Rouge, autrefois capitale de l'état d'Aden, aujourd'hui colonie anglaise; port sur la mer des Indes, un des meilleurs de l'Arabie. Lat. N 12° 50', long. E 43° 10'. Aden était entièrement déchue lorsque les Anglais se la sont fait céder en 1839. Elle est déjà redevenue très-importante par ses fortifications et son commerce. Station principale de la navigation à vapeur dans ses parages; environ 16,000 habitants. La ville d'Aden proprement dite est à environ 6 kilomètres de *Steamer-Point*, port d'Aden. La ville d'Aden a une église catholique, et *Steamer-Point* une chapelle dédiée à Notre-Dame-de-la-Garde, et bâtie en partie par les offrandes des habitants des îles-sœurs, Bourbon et Maurice (1). Ces deux sanctuaires sont les seuls que possèdent les catholiques dans toute l'Arabie, dont la mission est confiée aux RR. PP. capucins.

MASCATE, port sûr et fortifié, sur le golfe d'Oman, par le 23° 28' de latitude nord, et 56° 17' de longitude est, est une des villes des plus considérables de toute l'Arabie; son port est très-commerçant, surtout avec les Indes; la pêche des perles s'y fait en grand. Mascate peut avoir 6,000 habi-

(1) Voir l'*Almanach religieux de Bourbon* pour 1862.

tants; c'est la capitale de l'*imanat* de ce nom, aujourd'hui le plus florissant des états indépendants de l'Arabie, par son activité commerciale et sa nombreuse marine marchande. En 1845, M. Romain Desfossés, commandant de la station navale de Bourbon et de Madagascar, conclut au nom de la France, avec l'iman de Mascate, Seïd-Saïd, un traité d'amitié, de commerce et de navigation. La colonie, qui anciennement avait des relations suivies avec l'imanat, et en tirait des mulets, des ânes de grande race, des fruits secs, des poissons salés, de l'orge, du sel minéral, et en retour lui fournissait du riz, des étoffes, des cristaux, du sucre, du girofle, etc., n'a pas su profiter des avantages du traité de 1845, et semble avoir renoncé au commerce du golfe Persique.

CHAPITRE XXII.

Bombay. — Goa.— Mangalore. — Les Maldives. Ceylan. — Karikal. — Pondichéry. — Madras. — Calcutta. — Chandernagor, etc. — Iles Andaman, Nicobar. — Singapore. — Sumatra. — Java. — Nouvelle-Hollande. — Saint-Paul et Amsterdam.

BOMBAY, dans l'île de ce nom, sur la mer d'Oman, est une ville immense, passablement bâtie; port franc, principale station des bateaux à vapeur de l'Asie, ses chantiers, son arsenal, le palais du gouverneur, et autres monuments remarquables ; plusieurs établissements scientifiques et littéraires : bâtie par les Portugais, en 1530, ils la cédèrent à l'Angleterre en 1661 et elle devint en 1683 le siége de la Compagnie anglaise ; 230,000 habitants. La présidence de Bombay est une des trois grandes divisions de l'Inde anglaise immédiate. — *Bassein* à 35 kil. nord de Bombay, jadis très-commerçante, les Frères des écoles chrétiennes y ont un établissement.

GOA (Villa-Nova-de) ou Pandjim, à l'embouchure de la Mandora, dans le golfe d'Oman, a un beau port et fait un commerce assez étendu. 30,000 habitants. C'est une jolie ville nouvellement bâtie, à 10 kil. de l'ancienne Goa, la capitale des possessions portugaises en Orient ; résidence du vice-roi et de la Cour suprême de justice. L'archevêque de Goa, qui prend le titre de primat des Indes, réside dans la petite ville de *San-Pedro*, qui communique à Panjim par une superbe chaussée. L'ancienne Goa, qui au XVIe siècle comptait 500,000 habitants, est maintenant presque déserte et tout à fait déchue de sa première splendeur. Elle conserve encore de somptueux palais, de belles églises : sa cathédrale est grandiose et magnifique ; celle de *Bon-Jésus* possède le fameux monument érigé à la mémoire de l'apôtre des Indes par le grand-duc de Toscane, en 1655 : on y voit une magnifique châsse d'argent contenant le corps de saint François-Xavier, qui arriva à Goa en 1542. Ses dix années de mission dans l'Inde et le Japon rappelèrent les temps apostoliques. Mort à Sancian, en vue de la Chine, son saint corps fut transporté en 1554 à Goa, où il s'est conservé miraculeusement, ainsi qu'on l'a constaté encore juridiquement en 1859, à la dernière exposition de ces saintes reliques (1). Saint François-Xavier fut donné en 1747, par le pape Benoît XIV, pour patron et protecteur de toutes les contrées au delà du cap de Bonne-Espérance; par conséquent, l'île Bourbon se glorifie d'avoir pour patron et protecteur le glorieux apôtre des Indes et du Japon.

MANGALORE, ville de l'Indoustan anglais, présidence, chef-lieu de la province de Canara, port sur un lac qui communique avec la mer des Indes. On en exporte beaucoup de riz, du sel, du bétel, poivre, bois de sandal, safran, etc. 36,000 habitants. Les Pères carmés y ont une mission, et les Frères des écoles chrétiennes une école, ainsi qu'à *Tellitchéry*, qui a un port commerçant dans le Malabar, à 9 kilomètres NO de *Mahé*, et à *Calicut*, qui a plus de 30,000 âmes, et qui fut la résidence des souverains du Malabar et le premier

---

(1) Voir dans l'*Almanach religieux* de la colonie pour 1861, le pèlerinage de la corvette française *la Cordillière*, au tombeau de saint François-Xavier et la lettre écrite à cette occasion à Mgr l'évêque de Saint-Denis, par l'abbé Guéret, aumônier de la corvette, ancien et dernier vice-préfet apostolique de Bourbon.

port de l'Inde où aborda Vasco de Gama, en 1498.

MAHÉ, à 24 kilomètres SE de Cananore, port sur la mer des Indes, petite possession française comptant 4,000 habitants.

Vis-à-vis la côte de Malabar, à l'ouest, se trouvent les îles Laquedives. Cet archipel, découvert par Vasco de Gama en 1499, est composé de quinze groupes comprenant chacun une ou deux îles et plusieurs rochers. Ses 10,000 habitants sont arabes mahométans.

Les Laquedives sont vassales de l'Angleterre.

Royaume des MALDIVES, archipel, au sud du précédent, composé de 17 *attolons* ou groupes, la plupart circulaires ou ovales, et séparés par des détroits. Quelques-unes de ces petites îles sont fertiles et cultivées; mais la plupart sont désertes, beaucoup même ne sont que des rochers ou des bancs de sable que le flux couvre tous les jours. L'archipel donne beaucoup de noix de coco, et sur ces côtes on pêche du corail noir et des *cauris*, petits coquillages qui servent de monnaie dans l'Inde, et dont il faut 200 pour faire un franc. On porte la population des Maldives à 200,000 habitants, qui sont mahométans et gouvernés par un sultan qui réside dans l'île de *Male*, la principale de l'archipel.

L'île de CEYLAN est une des plus grandes, des plus peuplées, des plus célèbres et des plus riches de l'Asie. Les Anglais la possèdent depuis 1795. Elle est séparée de l'Indoustan par le détroit de Palk, et compte environ 2 millions d'habitants. Le sol renferme beaucoup de pierres précieuses et des métaux ; il donne cannelle, chanvre, riz, cocos, café, sucre, etc. Ses belles forêts nourrissent beaucoup d'éléphants, les plus forts et les plus dociles de l'Asie ; des tigres, des hyènes, des ours, des gazelles, beaucoup de serpents ; ses rivières sont infestées d'énormes crocodiles. Ses principales villes sont : *Colombo*, capitale de l'île, 75,000 habitants, qui se distingue par son commerce, ses fortifications et quelques monuments ; son port n'est sûr que pendant une partie de l'année ; *Pointe-de-Galle*, au SSE de Colombo, port fréquenté sur la mer des Indes ; *Négombo*, ville presque toute catholique, au nord, a 35,000 habitants, et se distingue par ses pêcheries ; à peu de distance de la ville de *Candy* : à l'intérieur se trouve le fameux pic d'Adam ; *Iafnapatam*, ville forte, à la pointe septentrionale, possède un port dans une presqu'île jointe par une langue de terre fort étroite. Trinquemaley passe pour avoir le port le plus sûr de toute l'Asie pendant les moussons. — La mission catholique de Ceylan est florissante ; elle est confiée aux missionnaires oblats de Marie-Immaculée, dont la maison mère est à Marseille.

En remontant la côte de Coromandel, on trouve *Karikal*, ville de l'Inde française, 15,000 habitants.

Son petit territoire est appelé le grenier de Pondichéry et de Bourbon, à cause de sa fertilité; le riz et les toiles teintes sont l'objet principal de son commerce. *Tranquebar*, aux Anglais, a un port très-commerçant et une population d'environ 26,000 habitants. *Pondichéry*, 40,000 habitants, est une des plus belles villes de l'Asie; bâtie par les Français en 1672, elle est le chef-lieu de nos possessions dans les Indes. On y remarque l'hôtel du gouverneur, le bazar, l'église, qui serait admirée même en Europe; le lycée, dirigé par les prêtres des Missions étrangères, jardin botanique, cour impériale, bibliothèque de plus de 6,000 volumes, une école chrétienne, comme à Karikal, etc. Un canal divise Pondichéry en *Ville-Blanche* et *Ville-Noire*. Pondichéry n'a point de port, mais une rade ouverte où la mer brise sans cesse et forme une barre qui rend le débarquement difficile en temps ordinaire, et dangereux pendant le mousson du NE. Le territoire de Pondichéry produit indigo, noix de coco, coton, bétel, riz, etc.; ses toiles de coton et ses mouchoirs dits *madras* sont estimés.
— *Madras*, chef-lieu de la présidence de ce nom, à 103 kilomètres de Pondichéry, une des plus importantes et des plus fortes villes de l'Inde, 500,000 habitants. Quelques monuments remarquables; industrie active pour tous les tissus de coton, très-grand commerce. Les navires ne peuvent approcher de Madras sans danger; on n'y

aborde que sur de larges bateaux. Les Anglais s'y fixèrent vers 1639. Le célèbre Labourdonnais la leur prit en 1746, mais la paix d'Aix-la-Chapelle la leur rendit deux ans plus tard. Dans les environs est San-Thomé, ou Méliapour ; la tradition y place le tombeau de l'apôtre saint Thomas. — *Coringuy*, à environ 400 kilomètres NE de Madras, possède le meilleur port de la côte de Coromandel ; grand commerce de riz. *Yanaon*, comptoir français, à 400 kil. est de l'embouchure du Gadavery, compte 7,000 habitants.

CALCUTTA, capitale de l'empire anglais dans l'Inde, sur un bras du Gange, non loin de son embouchure ; 1 million d'habitants environ. Son port est assez bon ; sol bas et marécageux ; grande citadelle dite Fort-William, colléges, société asiatique, premier corps savant de l'Asie, etc. La ville est divisée en deux quartiers, la Ville-Noire, construite en bambous et habitée par les indigènes, et la Ville-Blanche, bien bâtie et occupée par les Européens. En 1717, Calcutta n'était encore qu'un village. Commerce immense, industrie active, richesses colossales, exportation des produits de l'Inde, principalement soie, coton, indigo, riz, etc. — Sur l'Hougly, un des bras du Gange, à 30 kilomètres de Calcutta, se trouve Chandernagor, ville de l'Inde française, bien bâtie, et ayant 30,000 habitants. Fabriques d'étoffes de coton, et commerce de tissus, de salpêtre, de musc, etc. En suivant la côte orientale du golfe de Bengale, les principaux points qu'on trouve sont : ARAKAN, jadis capitale du royaume de ce nom. Les Anglais l'ont enlevée aux Birmans. 10,000 habitants. Commerce d'ivoire, riz, cire, bois de construction, etc. — RANGOUN, port dans le golfe de *Martaban*, le plus commerçant de l'empire birman ; grand entrepôt de bois de teck ; 20,000 habitants. Les Anglais l'ont pris en 1852. Les Frères des Écoles chrétiennes y ont une école, ainsi qu'à *Maulmein*, à la gauche du Salouen, vis-à-vis *Martaban*.

On trouve à l'ouest de la côte de l'Indo-Chine, dans le golfe du Bengale : 1° le groupe des îles ANDAMAN ; les six principales sont : la *Grande* et la *Petite-Andaman, Barren, Narcoudam*, à l'est ; l'île des Cocos au nord, et Préparis ; puis viennent de nombreux îlots insignifiants. Climat malsain, sol peu fertile. Les habitants, environ 3,000, sont indépendants, féroces et abrutis. 2° Les îles NICOBAR, au sud des précédentes, sont moins étendues, mais plus peuplées ; on leur donne 10,000 habitants d'origine malaise, et qui se distinguent par leur vie sauvage et leurs grossières superstitions. Le groupe compte une vingtaine d'îles, dont les principales sont : la *Grande-Nicobar*, au sud, la *Petite-Nicobar, Moncovery, Katchall, Camorta, Teressa* et *Car-Nicobar*.

A l'entrée du détroit de Malaca, et près la côte de ce nom, est située *Pulo-Pinang* ou île du prince de Galles, station pour les navires qui commercent avec la Chine. Aux Anglais. Sucre, opium, muscades, poivre, gomme élastique, bois de construction, etc. 33,000 habitants. — Georgetown, son chef-lieu, est devenu un des principaux ports de l'Asie; on y remarque l'immense hangar de la Compagnie. Ce fut un missionnaire catholique et quelques-uns de ses néophytes qui, en 1786, en commencèrent la colonisation. Son séminaire des Missions persécutées est célèbre; il fut établi en 1808, et a déjà donné aux missions plusieurs centaines de prêtres et un bon nombre de martyrs. Pulo-Pinang a aussi un établissement des Frères des Écoles chrétiennes, ainsi qu'à Singapore. — Malaca, sur le détroit de ce nom, si célèbre sous les Portugais, n'a plus que 6,000 habitants. Commerce de poivre, sagou, rotins, dents d'éléphant, poudre d'or, etc. — SINGAPORE, dans l'îlot de ce nom, à l'extrémité de Malaca, commande en quelque sorte la mer de Chine et celle des Indes, et relie l'Asie à l'Océanie. C'était naguère un misérable village; aujourd'hui elle compte plus de 100,000 habitants. Grâce à son port franc, le commerce y est prodigieusement actif; l'île de la Réunion en tire surtout des bois dont l'aspect offre une grande analogie avec celui du chêne. La mission catholique de Singapoore est très-florissante, et le plus bel édifice de la colonie est l'église catholique, dont le clocher domine toute la ville.

Avant de quitter les côtes de l'Asie, disons que, dans les mers de la Chine, Bourbon est en relation surtout avec *Saïgon*, qui a 150,000 habitants, chef-lieu des possessions françaises en Cochinchine. La Colonie pourra en tirer du bois de construction, du riz, du poisson salé, etc. *Canton*, qui a été longtemps le seul port de Chine ouvert aux Européens, fait un grand commerce et compte plus d'un million d'habitants. L'île de *Hong-Kong*, dans la baie de Canton, voit s'élever la ville de Victoria. Cédée aux Anglais en 1842, elle est déjà l'entrepôt d'un commerce très-considérable. Hong-Kong a un agent consulaire, et Canton un consul général de France. *Chang-Haï* (900,000 habitants) est regardée comme la première place commerciale de l'empire chinois, avantage qu'elle doit à son port magnifique sur la mer Jaune; grande affluence d'Européens, résidence de plusieurs consuls. Les Pères de la Compagnie de Jésus y ont une florissante mission; elle a une jolie cathédrale, et dans ses environs le beau collége de Zi-ka-Vey. *Manille* (150,000 habitants), avec un port superbe sur la mer de la Chine, est la capitale des Philippines, qui comptent 5 à 6 millions d'habitants. Manille est le chef-lieu de l'île de Luçon, et la plus grande île de l'Océanie; résidence du gouverneur général des possessions espagnoles, d'un archevêque catholique, d'un consul de France, etc.; université, colléges, école de marine et de commerce; ville riche avec des églises et des couvents d'une belle architecture ; manufactures de toiles, cigares renommés ; commerce très-actif et très-varié. — Revenant dans la mer des Indes, nous trouvons *Sumatra, Java, Bali, Lombock, Samba, Timor*, etc.; puis la Nouvelle-Hollande, baignées en partie par la mer des Indes. Sumatra peut avoir 5 millions d'habitants, généralement idolâtres ou mahométans, comme ceux des autres îles de la Sonde. Les Hollandais dominent, à Sumatra comme à Java, etc. *Padang*, sur la côte ouest, est la résidence du gouverneur général, d'un consul de France ; commerce considérable de poivre, benjoin, camphre, etc. — JAVA, séparée de la précédente par le détroit de la Sonde, 9 millions d'habitants. C'est la colonie, dit-on, la plus prospère de l'Océanie. *Batavia*, sur la côte septentrionale, est la métropole des possessions hollandaises dans ces parages ; c'est la première place de commerce de cette partie du monde. 80,000 habitants ; beaux monuments, église catholique, précieuse bibliothèque ; résidence d'un vicaire apostolique, d'un consul général de France, etc. *Samarang* et *Sourabaya*, qui ont une cinquantaine de mille âmes, sont aussi des villes florissantes de Java, et ont des agents consulaires de France. — Les îles de la Malaisie offrent au commerce des productions nombreuses et précieuses telles que l'or, l'argent, le mercure, l'étain, d'excellent acier, du fer, du cuivre, du plomb, des diamants, des perles fines, des bois précieux pour les constructions navales et l'ébénisterie, des drogues entre lesquelles on doit citer le camphre, les épices, girofle, cannelle, poivre, muscade, gingembre, riz, sucre, etc., etc.

On ne connaît guère encore que le littoral de la *Nouvelle-Hollande* ou Australie; les indigènes sont encore sauvages. Les Anglais se regardent comme les maîtres de tout le continent Austral, et y ont déjà fondé de florissantes colonies : la NOUVELLE-GALLES du SUD, ayant pour capitale Sidney, métropole de l'Océanie anglaise (60,000 habitants), rivalisant, par son importance, ses monuments, son commerce, avec Batavia. — AUSTRALIE SEPTENTRIONALE, chef-lieu Victoria. — AUSTRALIE MÉRIDIONALE, chef-lieu *Adélaïde*; commerce florissant. — VICTORIA, chef-lieu Melbourne, sur la magnifique baie de *Port-Philipp*; elle doit son état florissant à ses riches mines d'or. — AUSTRALIE OCCIDENTALE, chef-lieu *Perth*, sur la rivière des Cygnes. C'est dans ses environs que les missionnaires bénédictins travaillent avec succès à convertir et à civiliser les pauvres indigènes. L'Australie possède un archevêché catholique à Sydney, et des siéges épiscopaux à Brisbanne, Melbourne, Perth, et à Hobart-Town, dans la Terre de Van Diémen. Sydney est aussi la résidence d'un consul de France; Adélaïde, Melbourne et Hobart-Town ont des vice-consuls.

Au sud de l'océan Indien se trouvent les îles inhabitées et qui ne sont guère visitées que par les baleiniers : *Kerguellen*, *Marion* et *Crozet*, du *Prince Édouard*; plus au nord, et dépendant de l'île de la Réunion, les îles *Saint-Paul* et *Amsterdam*; elles appartiennent à un négociant de la colonie, qui y entretient la pêcherie qui fournit à Bourbon l'excellent poisson connu sous le nom de poisson d'*Amsterdam*. L'île Saint-Paul, qui a un port naturel, pourrait devenir une excellente station pour les navires qui arrivent de Chine, du Cap, des Indes ou de l'Australie, qui auraient besoin de réparations ou d'approvisionnements (1).

(1) Voir l'ouvrage de M. Textor de Ravisi, sur les îles Saint-Paul et Amsterdam. — Saint-Denis, 1853.

CHAPITRE XXIII.

Appendice. — Itinéraire des routes de l'île de la Réunion. — Anciennes mesures de la colonie. — Possessions françaises avec la date de l'établissement, la superficie en kilomètres carrés et la population. — Dinier Maillot au tribunal de M. Dupart (conte en prose créole). — Le rat de ville et le rat des champs (fable en vers créoles). — Le Noir cuisinier. — Conclusion. — Prière des enfants de Bourbon en faveur de leur île chérie. — Carte de l'île de la Réunion. — Carte de l'océan Indien, Maurice, Madagascar, principaux points baignés par la mer des Indes, canal de Suez.

ITINÉRAIRE DES ROUTES DE L'ILE DE LA RÉUNION

DISTANCE

DE SAINT-DENIS A :	kilom.	DE :	kilom.
Ste-Marie...	12	Ste-Marie à Ste-Suzanne.	6
Ste-Suzanne..	18	Ste-Suzanne à St-André..	8
St-André...	26	St-André à St-Benoît..	12
St-Benoît...	38	St-Benoît à Ste-Rose...	20
Ste-Rose...	58	Ste-Rose à St-Philippe..	31
St-Philippe..	89	St-Philippe à St-Joseph.	18
S-Joseph...	107	St-Joseph à St-Pierre...	18
St-Pierre...	125		

DISTANCE

DE SAINT-DENIS A :	kilom.	DE :	kilom.
La Possession.	34	La Possession à St-Paul.	12
St-Paul. . . .	46	St-Paul à St-Leu. . . .	29
St-Leu. . . .	75	St-Leu à St-Louis. . . .	22
St-Louis . . .	97	St-Louis à St-Pierre. . .	10
St-Pierre . . .	107		

POURTOUR DE LA COLONIE.

De St-Denis à St-Pierre, par la Partie-du-Vent. .	125
De St-Pierre à St-Denis, par la Partie-sous-le-Vent.	107
Longueur totale.	232

DISTANCES A DIVERS POINTS DE L'INTÉRIEUR.

De la route impériale au village de Salazie. . .	14
Du village de Salazie aux eaux de Hell-Bourg. .	9
De Saint-Louis aux eaux de Cilaos.	38
De la route impériale aux eaux de Mafate . . .	22

ROUTE DE L'INTÉRIEUR, DE SAINT-BENOÎT A SAINT-PIERRE

De Saint-Benoît entre les plaines des Palmistes et des Cafres.	31
De ce point à Saint-Pierre.	37
Longueur totale.	68

ANCIENNES MESURES DE L'ILE BOURBON.

Poids. La livre de Paris avec ses dérivés; elle est représentée par............ 0ᵏ 489,506

Longueur. Gaulettes, 15 pieds de roi... 4ᵐ872,591
    Pas géométrique............ 1 624,197
    Pied de roi.............. 0 324,839
    Toise................. 1 949,037
    Aune de Paris............ 1 188,450

Nota. Dans la commune Sainte-Marie, la gaulette n'était que de 12 pieds de roi.

Itinéraires. Lieue commune...... 4,444ᵐ44,444
    Mille marin............. 1,851 85,185

Capacité. Barrique............ 228ˡⁱᵗ·000,000
    Velte................. 7 450,000

Nota. Les grains se vendaient au poids.

Superficie. Gaulette carrée...... 23 m. car. 742,145
    Toise carrée............. 3 798,744
    Pied carré.............. 0 105,521

Solidité. Toise cube.......... 7 m. cub. 403,890
    Pied cube.............. 0 34,277
    Corde 8 p. + 4 p. + 2 p. 1/2 . 2 742,184

Monnaies. La livre créole valait la moitié de la livre tournois, soit 0 fr. 4988, mais passait pour 0 fr. 5000 ou un demi-franc; elle était divisée en 20 sols, passant pour 2 centimes 1/2 l'un.

Nota. En 1812 la longueur de l'aune fut portée à 1ᵐ,20.
La réserve de 50 pas géométriques est de 81ᵐ,20,975.
La gaulette de Sainte-Marie est de 3ᵐ,898,068.
La velte et la barrique de Bourbon sont des mesures conventionnelles, dont les éléments ne sont pas bien certains.

POSSESSIONS FRANÇAISES

Avec la date de l'établissement, la superficie en kilomètres carrés et la population en 1859.

Europe. — 420, France, 538,585 kilomètres carrés, 37,200,000 habitants.

Asie. — 1672, Pondichéry, 200 kilom. car., 85,000 hab. — 1676, Chandernagor, 10 kil. car., 35,000 hab. — 1722, Mahé, 85 kil. car., 4,000 hab. — 1739, Karikal, 160 kil. car., 58,000 hab. — 1750, Yanaon, 35 kil. car., 7,500 hab. — Saïgon et Tourane, 150,000 habitants.

Afrique. — 1830, Alger (ancienne régence d'), 386,500 kil. car., 3,300,000 hab. — 1637, Sénégal, 62,600 hab. — 1843, Guinée (Abyssinie, Gabon, etc.), 1,500 hab. — 1642, Bourbon, 946 kil. car., 200,000 hab. — 1750, Sainte-Marie de Madagascar (île), 160 kil. car., 5,800 hab. — 1840, Nossi-Bé et trois autres îles, 330 kil. car., 25,000 hab. — 1843, Mayotte (île), une des Comores, 365 kil. car., 5,500 hab. — 1844, Saint-Paul et Amsterdam, 100 kil. car. — Le port de Zoulla en Abyssinie. — L'île de Massouah dans la mer Rouge.

Amérique. — 1763, Saint-Pierre et Miquelon (îles), 235 kil. car., 2,500 hab. — 1604, Guyane française, 80,000 kil. car., 21,000 hab. — 1635, Martinique, 1,275 kil. car., 125,000 hab. — 1635, Guadeloupe et Petite-Terre, 1,380 kilom. car., 111,000 hab. — 1647, Marie-Galande, 160 kil. car., 13,000 hab. — 1647, Saintes (les), 15 kil. car., 1,500 hab. — 1647, Désirade (la), 25 kil. car., 1,700 hab.—1648, Saint-Martin (partie de), 200 kil car., 4,000 habitants.

Océanie. — 1842, Marquises, 1,200 kil. car., 25,000 hab. — 1842, Taïti (protectorat des îles), 1,800 kil. car., 10,000 hab. — 1843, Gambier (groupe de), 200 kil. car., 2,500 hab. — 1843, Walis et Futuna (îles), 400 kil. car., 5,000 hab. — 1843, Akaroa (Nouvelle-Zélande), 60 kil. car., 1,500 habitants.

DIDIER MAILLOT AU TRIBUNAL DE M. DUPAR.

CONTE EN PROSE CRÉOLE.

Bellonni Pitou. — Ah! men ami Didier, qu'moi lest content voir à vous! Si longtemps que nous n'a pas rejoindre l'ein l'autre! Mais quouque vous n'en a que vous y descend di Barachois en marchant torte comment carabe que na perdi trois pattes.

Didier Maillot. — Ah! men ami, parle pas à moi tout ça; moi y enraze, mon cœr l'est plis gros qu'zannoune que la dépasse mîr. Moi la timbé di haut de rempart, moi capécape que tout mon zos y craque dans n'mon corps, et z'aut y acquise à moi que moi la tié mon cousin Didat Sparon, et z'aut y appelle à moi assassiner. N'a pas toute encore. La police l'a fait souque à moi sis mon lit et z'aut la çarrié à moi dipis Saint-Louis zisqu'aux bateaux de la Possession, dans ein p'tit palanquin la toile, comme coçon que di monde y taconne pour vendre. Ha Dié, bon Dié, mon cœr y saigne, moi y dit à vous; et à c't'hère faut qu'à dix heures moi l'est rendi la case di zize; et moi y connaît pas li cimin.

Bellonni. — Allons, men ami, grand bonhèr vous la rezoindre à moi!... Souque mon bras, moi va halle à vous en montant, zisqu'au tribinal la zistice.

Didier. — Ah! mon cer ami di bon Dié, vous va discours à moi beaucoup. Grand merci.

Et les deux amis clopin-clopant arrivèrent à l'audience.

M. Dupar. — Inculpé, vos noms et prénoms?

Didier. — Mon bon zize, vous y trompe, moi n'appelle pas l'inquilpé; moi y appelle Didier

Maillot, fils de Cocol Maillot, mon fé défint père qu'est mort et enterré.

M. Dupar. — Bon, bon, qu'avez-vous à dire?

Didier. — Quouque moi n'en a? moi n'en a ein p'tit la case couvert en vacoua; moi n'en a ein p'tit camp de bátates, moi n'en a dé coçons l'engrais, moi n'en a ein zimen grise qui pé vanter dans n'out quartier depis l'Etang-Salé zisqu'à Saint-Pierre.

M. Dupar. — Mais vous ne me comprenez pas. Je vous demande ce que vous pouvez dire pour prouver que vous n'avez pas tué votre cousin?

Didier. — Ah! mon bon zize di bon Dié, sainte Vierge Marie! Moi conte à vous dret comment que toute l'arrivé; à c't'hère vous va voir si moi ein assassiner, comment qu'z'aut y dit pour mortifier mon z'oreille. Acoute à vous :

Moi l'était trouvé ein mouce, ein vié mouce, dans n'haut de la rivière di Rempart. L'était la saison d'miel vert. Moi y descend pour dire nout voisins : Z'amis, si z'aut y vé, dimain nous va ramasse au moins quatre calebasses miel vert : moi la trouve ein mouce, ein famé mouce ! Cinq y rassemble pour monter. Nous y parte di frais matin. Moi y dire nos zens : Hola! z'amis, mont' pas dans l'bois li ventre plate, fouille un pé batate en passant pour mettre dans vout' bersac. Nous la çarrié aussi ein bouteille rhum pour çauffé ein pé nout' l'estoumac. Arrive en haut, nous y allime di fé, nous y boire un misquet de rhum par dissis; après nous y dit : A vlà li mouce, mais rempart l'est à pic comme la miraille. Quoi que nous va' maziner?... Didat, zistement ça qu' l'été tié, la commence : Pisque nous n'a point la corde, nous-même va remplace à li. Nous va pendiller l'eine à l'autre jusqu'à ce que y rezoindre la guèle li mouces. Bien maziné, toute la crié, allons-nous vitement... ça qui plis fort la souque la brance d'ein arbre, ein autre la coule zisqu'à son zambe, ein troisième glisse aux civilles di second. Çà qu'en haut y commence dire : Z'amis, paquet l'est lourd! Moi, li quatrième, l'allonge dans n'talons dans li troisième. Çà qu'en haut y guèle : Hà! mon main y broule comme piment!... Enfin, pauvre malahèle Didat l'a pendre son corps en bas de la mienne. Z'amis, l'a crié ça qu'en haut, poignée y glisse, va capper! ein y a revir : crace dans n'ton main, va colle plis fort. Pauvre diable! li rouvre son main. Ah! ya, ya! soupelet, mon cer zize, bon, bon couh! toute la grappe l'arrive en bas d'rempart, et pauvre Didat, l'était crasé comment citrouille maffe. Moi-même li zos la vini en caniqui, dipis ci jour-là, moi y hall mon n'âme... Hà! moi la gaigne grand miguèle, et z'haut y dit qu'moi la tié par malice mon cousin Didat, moi q'u la pléré comment li vac qui perde son petit, quand que moi la vi à li mort; moi qu'la aceté trois aunes la toile blée pour porte son deil! Hà di monde l'est trop calamouka, ma foi dié!

M. Dupar. — Didier Maillot, votre déposition

porte le cachet de l'innocence et de la vérité, le tribunal vous acquitte et vous renvoie dans vos foyers.

Didier. — Ah! mon vrai zize, mon roi des zizes, à vlà un homme! Ah! qu'moi l'est content, mes amis! moi n'a pas assassiner, non, va..., n'avait!... di monde mauvaise langue, moi coudre à z'aut à c't'hère, ça langue-là n'a point li zos.

Ah! mon roi des zizes, moi va conte vout' nouvelle dans nout payis. Si jamais vous y vient Saint-Louis, toute créole va régale à vous. Vous va renoncer sis l'boucané et sis l'coups de sec. Si vous n'a besoin la ziment grise pour vout voyage, prend à li, reinte à li, fais galope à li. Adié, mon bon zize, moi, n'oubliera jamais li nom d'moussié Dipar, li plis meillèr zize qu' n'en a dans n'toute Mascarin!!!

(*Nouvelles Esquisses africaines,* par M. Hery.)

LE RAT DE VILLE ET LE RAT DES CHAMPS.

FABLE EN VERS CRÉOLES.

Salazi', dans n'la grande Ilette
N'avait ein rat, vié z'habitant;
Sous un gros roç', à proç'ein bois d'gaulette,
Li n'avait bâti son boucan.

Dans n'son p'tit cas' li vivr' tranquille;
Li content batat', bred' lastron.
Li mazin' pas sél'ment la ville,
Son cœr l'amarré bitation.
Ein zour, li l'entend grand tapaze,
Çà l'était ein rat Saint-Dinis
Qui gratt' grattait la port' son case,
Quand qu'li la rouvr', la rest' camis.
Dans n'son grand bois l'était hontèse,
Çaq' fois qu'li guett' di mond' tranzer;
Mais li rat Saint-Dinis, dans n'son façon zoyèse,
Dit : « Moin y vient voir à vous, si n'a pas déranzer;
A la vill' moin l'était malade,
Mon l'appétit n'a pas 'tait trop grand;
Zens trop riç' souvent mal portant.
Moin l'a veni prend' li z'eaux, pour faire ein promenade,
Méd'çin l'a dit qu'l'est bon pour mon tempérament.
Comme m'y annoui' la sourç, moin y vir' vir la zournée,
Tout li côtés, moin y saut' comme cabris;
Pendant qu'après rôder, moin l'a vis vout' fimée,
Ça mêm' que moin la rentre ici...
— Vous l'a bien fait, la r'pond li maitre la case :
Moin l'est bien content voir à vous;
Et nous va fait z'amis sans tarder davantaze;
Vous va prend' ein coup d'sec et diz'ner ensembl' nous. »
A c't'her, rat d'Salazi li branner son ménaze,
Pour li parpar son dizéner,
Traite ein zens Saint-Dinis, ma foi dié', grand l'ouvraze
Ça qu'li n'en a d'meillèr li pourgal' pour donner.
Quand qu'li diz'ner l'est prêt, z'aut dé l'assise à terre,
Li rat d'vill allonz' sis bersac,
L'était la plaç' d'honner, l'aut' li rat rest darrière

Pour régl' son politess', prend gard' va faire mic-mac.
Li serv' sis feill' banan', li sonz' ensembl' batate,
Mais li rat Saint-Dinis goût' ça li bout d'son dent,
Li pé pas envaler, li trouv' qu'li sonze y gratte,
Et pour manzer batat', ma foi', na pas gourmand.
Li pauvr' rat' bitation li l'a mazin' bien faire,
La vouli mett' à tabl' morceau tang' boucané,
  Qu'li l'était gard' l'année entière,
  L'était dir comm' di couir tanné.
A pein' li rat gros têt' l'a senti l'odeur tangue,
La lève cin coup, la sauv' dihors boucan;
Son l'estomac la r'mont' zisqu'à son langue :
— Moin mal au cœr, li dit, ça prend' à moin souvent.
Mon cer ami, bien grand merci vout' tangue,
  Mon tour aussi moin va régale à vous.
Sivre à moin Saint-Dinis, quitte ein pé vout' zang-zangue,
N'a pas zist' vous rester comment vié tourlouroux
Dans n'mitant vout' grand bois; allons nous fair' bombance
Sivr' à moin Saint-D'nis, vout' quéq'ços' nouveaux,
  Allons nous prend' la dilizence;
  Ma fait manze à vous bons morceaux. »
Zab! zab! zab! Z'aut' y court, z'aut arriv' la grand'route,
Z'aut' cacièt' proç la case à Prosper Valentin.
Li rat d'Saint-Dinis dit : « La voitir vient', acoute...
Acout' sonnett', cival; acout'... drelin, drelin! »
Pendant qu'Moussié Zilien l'a d'scend boir son la goutte,
Li dé z'amis l'a coul' sous l'paquet vitement...
Fouett' cocer, rondement comm' l'armée en déroute;
Zaut' l'arriv' Saint-Dinis à proç' soleil couçant.
A terr' z'aut dé... z'aut' y glisse sous la paille,
  Pour laisser timber la clarté.
Dès qu'y fait noir : « Allons-nous faire ripaille,

Commenç dir, li rat d'vill' fité.
L'hôtel Zoinville nous pé vanté,
Zistement tout li capitaines
Azourdi là donn' grand dîner;
Nous va trouver le tabl' tout' pleines,
Nout' dents n'aura pour travailler. »
Comm' ça qu'li rat d'la vill' li l'arranz son z'affaire,
Son camarad' sivre à li doucement;
Son cœr y fait tic-tac, li guett' souvent darrière,
Li là pèr Saint-D'nis si grand'.
Z'aut' dé la pass' dissous la porte,
Z'aut' la rent' dans n'mitant d'salon.
Bon manzer z'aut' y trouv' tout' sorte :
Volaill', pâté, conserv', zambon;
Faut voir comment z'aut' dé grignotté !
Croc, croc, z'aut' y friç' hardiment :
M'assir' à vous, n'a pas bisoin piment.
Mais v'la qu'ein domestique y rentre;
Couh ! n'out dé rats la saute en bas :
Z'aut' n'a pas 'tait moitié plein ventre,
Qu'zaut' l'est dézà dans l'embarras.
Li domestique y sort'... à c't'her li rat d'la ville
L'a dit : Allons-nous manz' encor;
Mais li rat' bitation rest' bét', n'a pas tranquille
Di pèr l'est dézà moitié mort.
Li r'commenc' pourtant son boucée,
Li bourr' pâté dans n'son zabot...
Miaou, v'la qu'ein gros matou la s'aut' par la croisée,
Là vé gaigner son part d'fricot.
Li dé z'amis lance ein coup par la f'nètre,
L'était rest' ouvert' par bonhèr.
Li rat d'vill' dit : « Tal' hèr, pét-être,

Nous pourra rentrer. — Moi la pèr,
Moi la pèr trop; salam, compère,
La r'viré li rat 'bitation ;
Grand merci vout' l'invitation :
Moi n'embarrass' plis vout' bonn' cère,
Saint-D'nis troubl' mon dizestion ;
Pour moi manz' tranquill' mon ration,
La grande Ilette l'est plis meillère,
Moi s'en va r'zoindre mon brèd' lastron,
Moi n'acout' ra plis l'ambition :
Vaut mié manzer gros balle et dort la nouit entière. »

(*Esquisses africaines.*)

Le Noir cuisinier.

Voici un fait dont nous avons été témoin, dit l'auteur de la *Physiologie du Noir* :

Un planteur, chez lequel nous dînions, avait bien recommandé à son cuisinier de faire un excellent carrick de l'un des chapons qu'il avait à l'engrais depuis deux mois; l'ordre fut exécuté, et rien ne manquait au goût ni au parfum de ce mets de prédilection dans les colonies ; seulement, le planteur, en en faisant la distribution, s'aperçut que la moitié d'une cuisse de la volaille avait disparu.

— Qu'on appelle Charlot, dit-il.

Et aussitôt un domestique de table appelle Charlot, qui comparaît devant ses juges.

— Dis-moi, Charlot, depuis quand les chapons n'ont-ils qu'une cuisse?

— Si pas, Moussié, sapon-là peut-être li malade.

— En supposant qu'il ait été malade, il devait toujours avoir ses deux jambes.

— Bêbête-là, Moussié, li en veut à moi, l'a cache sa patte, ça pour faire gagne à moi li fouet.

— Tu as mangé la cuisse du chapon?

— Bon Dié pini à moi, Moussié, si moi l'a manzé.

— Si tu me dis la vérité, il ne te sera rien fait, je te le promets.

— Ah! Moussié mon maître, grand malheur l'a arrivé!

— Qu'est-ce donc?

— Moi l'était pour faire bouille marmite, vous connais à c't'hère, la cuisse sapon l'a sourti marmite et li l'a timbé dans li fé... Moi l'a dit: Mon maître, bon blanc li manze pas la cendre, li va gagne malade; moi l'a ramassé, Moussié, après, moi l'a goutté.

— Après, tu l'as mangée?

— Ça même, mon maître,... vous l'a dit... Diable l'a tenté à moi, siquisez.

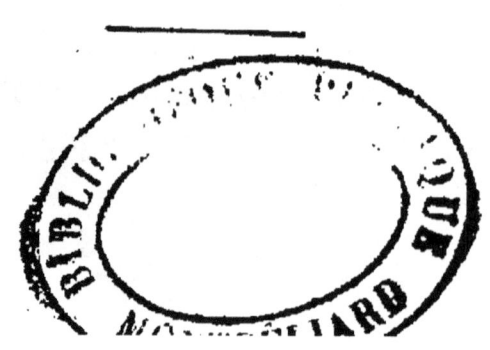

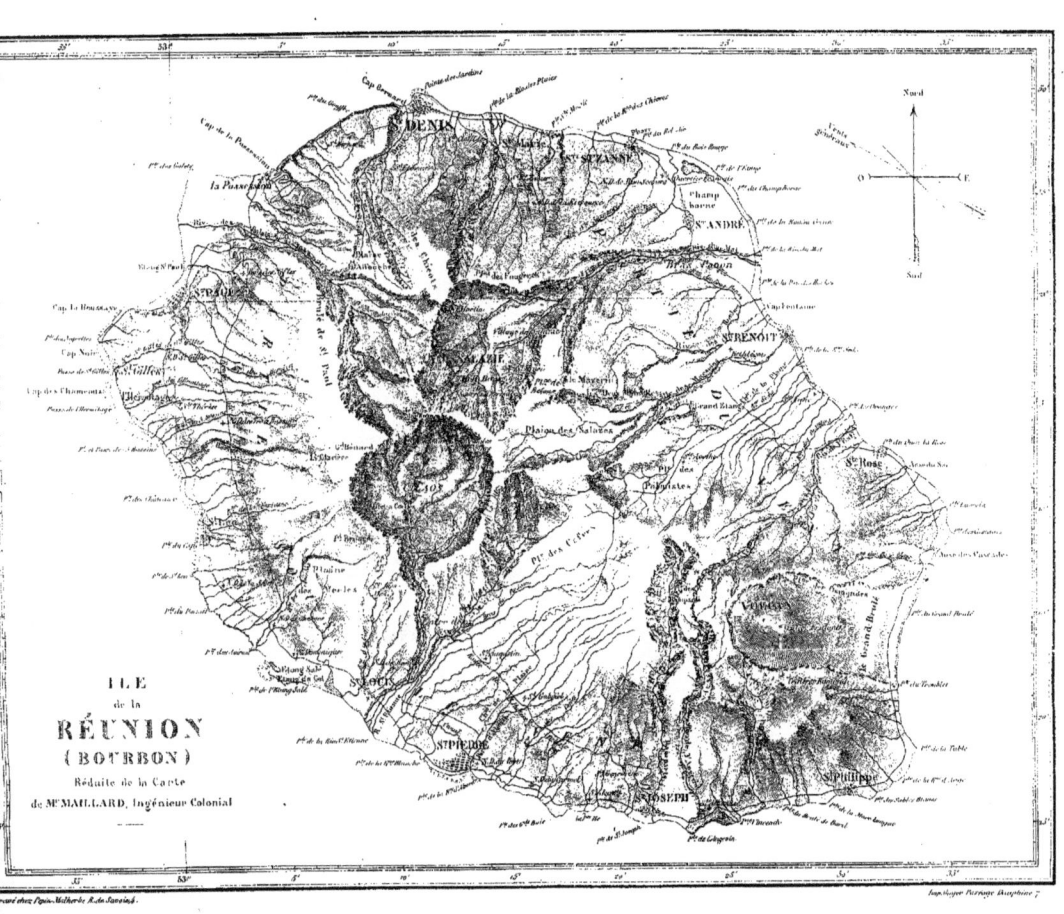

PRIÈRE DES ENFANTS DE BOURBON
EN FAVEUR DE LEUR ÎLE CHÉRIE.

Dieu, devant qui s'incline Le front des plus puissants, Que ta bonté divine Ecoute, écoute tes enfants. Pour notre île chérie, Douce et belle patrie, Pour notre île chérie, Nous prions, nous prions à genoux; Pitié pour sa misère, Fais son destin prospère, Son ciel paisible et doux!

PROCÉDÉ A. CURMER.

www.ingramcontent.com/pod-product-compliance
Lightning Source LLC
Chambersburg PA
CBHW070522170426
43200CB00011B/2295